# ANGEWANDTE PFLANZENSOZIOLOGIE

VERÖFFENTLICHUNGEN DES
INSTITUTS FÜR ANGEWANDTE PFLANZENSOZIOLOGIE
DES LANDES KÄRNTEN

HERAUSGEBER

UNIV.-PROF. DR. **ERWIN AICHINGER**

HEFT VI

## ROTFÖHRENWÄLDER ALS WALDENTWICKLUNGSTYPEN

EIN FORSTWIRTSCHAFTLICHER BEITRAG ZUR BEURTEILUNG DER ROTFÖHRENWÄLDER

VON UNIV.-PROF. DR. ERWIN AICHINGER

Springer-Verlag Wien GmbH
1952

Schriftleiter:

Univ.-Prof. Dr. Erwin Janchen.

ISBN 978-3-211-80241-0 ISBN 978-3-7091-2242-6 (eBook)
DOI 10.1007/978-3-7091-2242-6

# Vorwort.

In Fortsetzung der angefangenen Reihe von Monographien der heimischen Wälder bringen wir im Rahmen der „Mitteilungen der Arbeitsgemeinschaft Institut für angewandte Pflanzensoziologie des Landes Kärnten, Arriach, und Landesforstinspektion für Steiermark, Graz“ nun einen forstwirtschaftlichen Beitrag zur Beurteilung der Rotföhrenwälder — wieder aus der bewährten Feder Aichingers. Entsprechend der großen Bedeutung, welche die Föhre als die Holzart armer und trockener Standorte hat, haben die Rotföhrenwälder in manchen Gegenden unserer Heimat eine große wirtschaftliche Bedeutung und dementsprechend ist es wichtig, ihre Entwicklungstypen richtig zu erkennen, zu beurteilen und darnach die Bewirtschaftung dieser Wälder einzurichten.

Möge auch dieses Heft unserem Wald und durch diesen unserer Volkswirtschaft dienen.

Graz, im Juni 1952.

Richard Vospernig
wirkl. Hofrat, Dipl.-Ing.,
Regierungsforstdirektor, Graz.

## Einleitung.

Ein forstwirtschaftlicher Beitrag zur Beurteilung der Rotföhrenwälder.

Von Erwin Aichinger (Arriach).

Zur Obergruppe der Rotföhrenwälder stelle ich alle jene Wälder, deren Baumschicht von der Rotföhre *(Pinus silvestris)* beherrscht wird und deren Böden noch nicht in der Lage sind, anspruchsvolleren Holzarten Lebensbedingungen zu bieten.

Die Rotföhrenbestände, die an Stelle anspruchsvoller kräuterreicher Laubmischwälder oder Nadelwälder angeforstet wurden, gehören als reine Kunstprodukte nicht hierher, sondern zu den Rotföhrenforsten.

Die Rotföhre ist sehr genügsam und erträgt Böden mit schlechtem Wasser- und Nährstoffhaushalt. An das Licht stellt sie große Ansprüche und vermag sich daher nur dort durchzusetzen, wo sie als Lichtholzart die Konkurrenz der anspruchsvolleren Schattenholzarten nicht zu fürchten braucht. Wir finden sie als primäre Rotföhrenwälder dort, wo im Zuge des Vegetationsaufbaues der Boden noch nicht eine solche Güte erlangt hat, um anspruchsvolleren Holzarten Lebensmöglichkeiten zu bieten; andererseits sekundär dort, wo der Boden der anspruchsvolleren Waldgesellschaft so herabgewirtschaftet wurde, daß er den anspruchsvolleren Holzarten nicht mehr die Möglichkeit zum Keimen und lebenskräftigen Aufkommen bieten kann.

Wir treffen sie sowohl in den Laubwaldstufen als auch in der Fichtenwaldstufe an, während sie in der oberen Nadelwaldstufe fehlt. In der unteren Nadelwaldstufe treffen wir sie im kontinentaler getönten Alpeninneren besonders in einer Unterart als Engadin-Kiefer *(Pinus silvestris* subsp. *engadinensis).*

Infolge der geringen Ansprüche der Rotföhre an den Wasser- und Nährstoffhaushalt finden wir die Rotföhrenwälder insbesondere auf trockenen Kalk- oder Dolomit- und auf Serpentinböden. Diese Rotföhrenwälder ertragen zwar schlechten Wasser- und Nährstoffhaushalt, sind aber für gute Bodendurchlüftung dankbar. Wir treffen sie als Pionier- und Dauergesellschaft oder als Verwüstungsstadium anspruchsvollerer Wälder. So vor allem in warmer sonniger Lage, im jungen Bergsturzgelände, auf Steilhängen dort, wo der Boden keine Feinerde besitzt und damit kein Wasser zu halten vermag. Wir finden sie aber auch auf grobsandigen, kiesigen Schuttkegeln, deren Boden sehr wasserdurchlässig ist, oder im Auengelände auf den wasserdurchlässigen bei Hochwasser abgelagerten Kiesrücken und auf grobsandigen Böden, die Wasser nicht zu halten vermögen, z. B. im Oberlauf der Kalk-Grobsand bzw. Dolomit-Grobsand führenden Flüsse. Sie stehen vielfach in Wechselbeziehung mit verschiedenen bodenbasischen Rasen-, Zwergstrauch- und Waldgesellschaften, die entweder die Vegetationsentwicklung einleiteten oder nach deren Waldverwüstung sekundär aufgekommen sind.

Die Rotföhrenwälder besiedeln auch saure Böden und besitzen hier ebenfalls schlechten Wasser- und Nährstoffhaushalt. Wir treffen diese Wälder einerseits auf sauren Silikatverwitterungsböden; andererseits finden wir sie aber auch auf basischer Unterlage dort, wo eine dicke Rohhumusschicht dem darunterliegenden Kalkboden isolierend aufgelagert ist, oder dort, wo infolge der Auswaschung der basische Boden oberflächlich sauer geworden ist. Ferner treffen wir Rotföhrenwälder auch auf Hochmooren, wo ihnen in tieferen Bodenschichten zwar genügend Wasser, dafür aber ein sehr geringer Lufthaushalt zur Verfügung steht. Oberflächlich ist der Boden allerdings auch trocken, besser durchlüftet und sehr nährstoffarm.

So können wir insbesondere drei Gruppen unterscheiden, welche durch die jeweils verschiedenen Haushaltsverhältnisse gekennzeichnet sind:

### I. Gruppe der bodenbasischen, bodentrockenen Rotföhrenwälder (PINETUM silvestris basiferens).

Die bodenbasischen Rotföhrenwälder entwickeln sich aus verschiedenen Rasen-, Zwergstrauch- und Hochstrauchgesellschaften, verbleiben lange Zeit als Dauergesellschaft oder führen in den einzelnen Klimagebieten weiter zu anspruchsvolleren Nadel- und Laubwäldern.

Der Boden dieser bodenbasischen Rotföhrenwälder ist wasserdurchlässig und somit trocken. Im Unterwuchs herrschen bodenbasische Arten vor, die den Kalk-, Dolomit- oder Serpentinuntergrund erkennen lassen. Die Wirtschaftsführung muß höchste Sorgfalt auf die Erhaltung und Hebung des Wasserhaushaltes verwenden. Streunutzung, Kahlschlag, Waldweide und alle sonstigen Eingriffe, die den Wasserhaushalt stören, müssen auf jeden Fall unterbleiben.

Primäre bodenbasische Rotföhrenwälder treffen wir also entweder als Pioniergesellschaften auf jungen Böden oder als Dauergesellschaften auf steilen Hängen, wo die wasserhaltende Nadelstreu vom Regen immer wieder hinuntergewaschen wird. Als sekundäre Waldgesellschaft ist der bodenbasische Rotföhrenwald dort zu finden, wo der wirtschaftende Mensch durch Streunutzung, Kahlschlag oder Brand dem Boden seine wasserhaltende Kraft genommen hat.

### II A. Gruppe der bodensauren, bodentrockenen Rotföhrenwälder.

Die bodensauren Rotföhrenwälder finden sich auf Böden, die entweder von Natur aus sauer sind oder erst durch waldverwüstende Eingriffe oberflächlich versauerten.

In ihrem floristischen Aufbau beherrscht die Rotföhre die Baumschicht und wird stellenweise von Fichten, Eichen und Ausschlagbuchen begleitet. In der Strauchschicht treten Arten auf, die den sauren, trockenen Boden gut ertragen können. An lichteren Stellen tieferer Lagen und am Bestandesrand kommen Eichen auf, begleitet von Arten des bodensauren Eichenwaldes. An begünstigten Stellen können auch schon anspruchsvollere Laubhölzer auftreten. In Rotföhrenwäldern höherer Lagen tritt eine besondere Rasse bestandesbildend auf, nämlich: *Pinus silvestris* subsp. *engadinensis* (Heer), Aschers. et Graebn. = *Pinus silvestris* L. var. *engadinensis* Heer = *Pinus engadinensis* (Heer) Fritsch.

Abgesehen von wenigen Ausnahmen sind die bodensauren Rotföhrenwälder alle als Verwüstungsstadien verschiedener Nadel- und Laubwälder zu betrachten.

Wir unterscheiden folgende Untergruppen:

a) Untergruppe der bodensauren Rotföhrenwälder der ursprünglich sauren Böden,

PINETUM silvestris silicicolum acidiferens.

b) Untergruppe der bodensauren Rotföhrenwälder der ursprünglich basischen Böden,

PINETUM silvestris calcicolum acidiferens.

### II B. Gruppe der bodensauren, bodenfeuchten Rotföhrenwälder.

Die bodensauren, bodenfeuchten Rotföhrenwälder finden sich auf anmoorigen Böden und nehmen eine Mittelstellung zwischen dem Bruch- und dem Hochmoorwald ein.

### III. Gruppe der mineralstoffarmen Rotföhren-Hochmoorwälder (PINETUM silvestris turfosum).

Die Rotföhren-Hochmoorwälder entwickeln sich meist über *Calluna*-Heiden zum Fichten-Hochmoorwald. Die Bewaldung der *Calluna*-Heide erfolgt erst dann, wenn das Wachstum des Hochmoores aufgehört hat. Entwässerungen begünstigen die Bewaldung.

## I. BODENBASISCHE, BODENTROCKENE ROTFÖHRENWÄLDER.

Die bodentrockenen, bodenbasischen Rotföhrenwälder sind auf basischen Böden in verschiedenen bodenbasischen Zwergstrauchheiden, aber auch im Felsenbirnen-, Sanddorn-, Deutschen Tamarisken-Buschwald oder Beständen der Mannaësche, des Mehlbeerbaumes und des Elsbeerbaumes aufgekommen und können sich zu Flaum-, Trauben- und Stieleichenwäldern aber auch zu Hopfenbuchen-, Hainbuchen-, Rotbuchen- und Fichtenwäldern weiter entwickeln.

Alle bodenbasischen, bodentrockenen Rotföhrenwälder besitzen einen sehr ungünstigen Wasserhaushalt und müssen daher besonders pfleglich bewirtschaftet werden. Kahlschlag, starke Durchlichtung und Streunutzung müssen auf alle Fälle unterbleiben. Auf die Belassung eines geschlossenen Bodenschutzholzes ist besonders zu achten. Geschieht dies nicht, so wird der Zuwachs sehr schlecht bleiben und die Weiterentwicklung zum anspruchsvolleren zuwachskräftigeren Wirtschaftswald unterbleibt.

Sehen wir von Kalk-, bzw. Dolomit-, Fluß- und Bachalluvionen, jungen Bergsturzhängen, Schuttmänteln und Steilhängen ab, so sind die meisten bodenbasischen Rotföhrenwälder sekundäre Waldverwüstungsstadien.

Durch Kahlschlag können die bodenbasischen Rotföhrenwälder wieder zu den Pinoniergesellschaften degradiert werden, aus denen sie sich entwickelt haben.

Durch oftmaligen Kahlschlag, bzw. durch Niederwaldbetrieb wird die Entwicklung zu ausschlagkräftigen Buschwäldern von Sanddorn, Deutscher Tamariske, Mannaësche, Mehlbeerbaum, Elsbeere begünstigt.

Es folgt eine schematische Übersicht über die Entwicklungsmöglichkeiten der bodenbasischen Rotföhrenwälder.

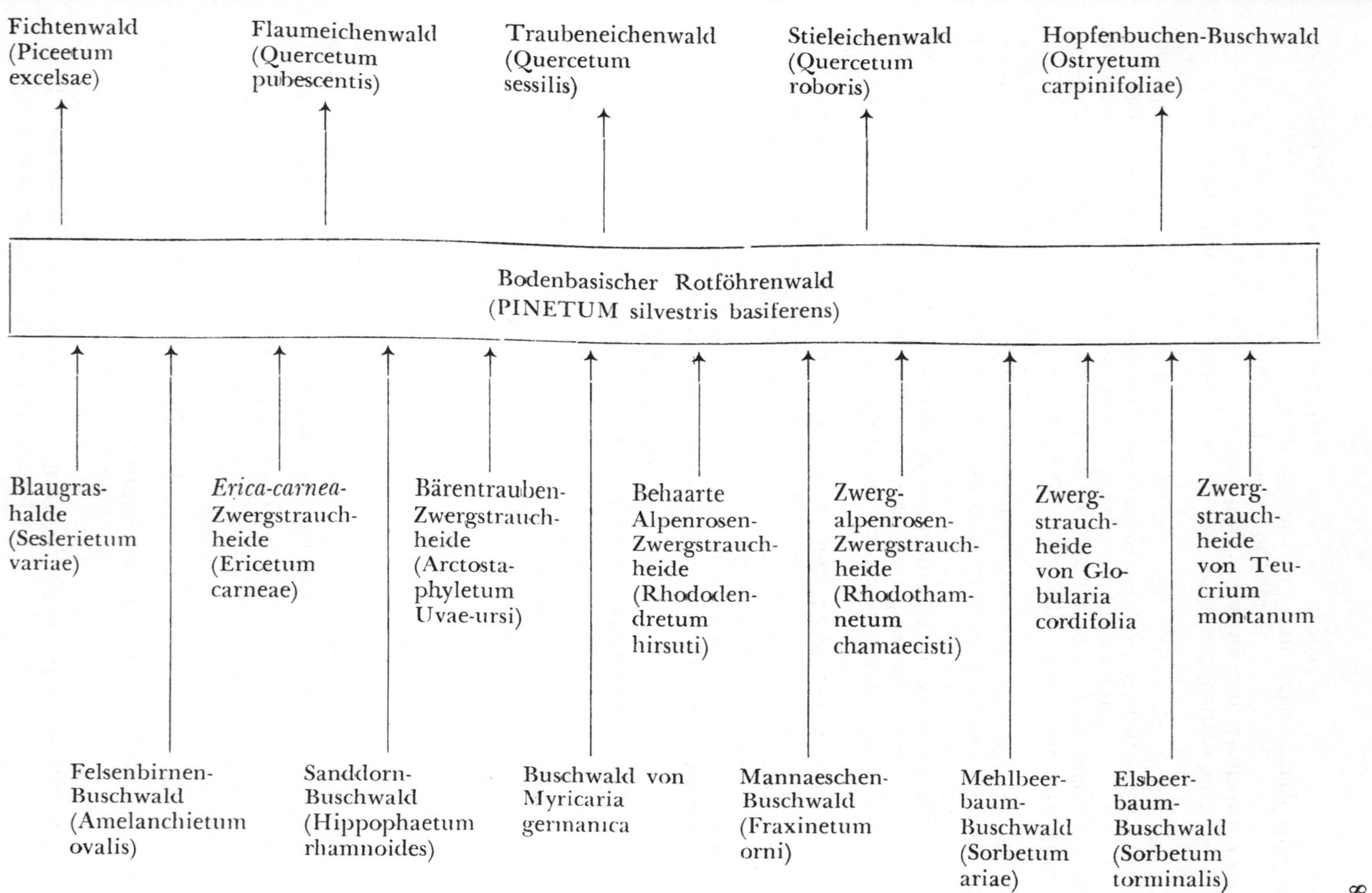
Fichtenwald (Piceetum excelsae)
Flaumeichenwald (Quercetum pubescentis)
Traubeneichenwald (Quercetum sessilis)
Stieleichenwald (Quercetum roboris)
Hopfenbuchen-Buschwald (Ostryetum carpinifoliae)
Bodenbasischer Rotföhrenwald (PINETUM silvestris basiferens)
Blaugras-halde (Seslerietum variae)
Felsenbirnen-Buschwald (Amelanchietum ovalis)
*Erica-carnea*-Zwergstrauchheide (Ericetum carneae)
Sanddorn-Buschwald (Hippophaetum rhamnoides)
Bärentrauben-Zwergstrauchheide (Arctostaphyletum Uvae-ursi)
Buschwald von Myricaria germanica
Behaarte Alpenrosen-Zwergstrauchheide (Rhododendretum hirsuti)
Mannaeschen-Buschwald (Fraxinetum orni)
Zwergalpenrosen-Zwergstrauchheide (Rhodothamnetum chamaecisti)
Mehlbeerbaum-Buschwald (Sorbetum ariae)
Zwergstrauchheide von Globularia cordifolia
Elsbeerbaum-Buschwald (Sorbetum torminalis)
Zwergstrauchheide von Teucrium montanum

Als bodenbasische Arten, also Pflanzen, welche basische Böden bevorzugen, können wir in vorliegender Arbeit mehr oder weniger hinausstellen:

*Achnatherum Calamagrostis, Adenostyles glabra, Amelanchier ovalis, Anthericum ramosum, Anthyllis alpicola, Aremonia Agrimonoides, Asperula cynanchica, Astragalus Cicer, Betonica divulsa, Biscutella laevigata, Buphthalmum salicifolium, Calamagrostis varia, Calamintha alpina, Campanula caespitosa, Carex alba, Cirsium Erisithales, Coronilla vaginalis, Cotoneaster tomentosa, Cyclamen europaeum, Cytisus purpureus, Daphne Cneorum, Dorycnium germanicum, Epipactis atrorubens, Erica carnea, Euphrasia tricuspidata, Fraxinus Ornus, Galium lucidum, Galium verum, Gentiana ciliata, Geranium sanguineum, Gypsophila repens, Heliosperma alpestre, Helleborus niger, Hepatica nobilis, Hieracium piloselloides, Hieracium staticifolium, Hippocrepis comosa, Lastrea obtusifolia, Leontodon incanus, Melica ciliata, Ostrya carpinifolia, Petasites niveus, Peucedanum Cervaria, Pinus nigra, Pirola rotundifolia, Potentilla puberula, Prunella grandiflora, Rhamnus saxatilis, Rhododendron hirsutum, Rubus saxatilis, Salix glabra, Scabiosa lucida, Selaginella helvetica, Sesleria varia, Sorbus Aria, Teucrium Chamaedrys, Teucrium montanum, Thesium bavarum, Tofieldia calyculata, Trisetum argenteum, Ctenidium molluscum.*

### *Erica-carnea*-reiche Rotföhrenwälder
### (PINETUM silvestris ericosum).

Floristischer Aufbau: Die Rotföhre bedeckt meist mehr oder weniger geschlossen die Baumschicht. Abgesehen von der Schwarzföhre können alle anderen Bäume infolge Ungunst der Verhältnisse nicht lebenskräftig hoch wachsen und fehlen darum in diesem Walde. Im Niederwuchs herrschen bodenbasische, bodentrockene Arten vor. Die Schneeheide bedeckt fast geschlossen den Niederwuchs; nur vereinzelt kommen anspruchsvollere Arten dort auf, wo die Bodenverhältnisse örtlich schon bessere sind.

Haushalt: Diese Wälder sind gekennzeichnet durch sehr ungünstigen Wasserhaushalt, meist skelettreichen Boden und sonnige Lagen im Verbreitungsgebiet der Rotföhre.

Entwicklung: Die Vegetationsentwicklung kann, hier schematisch dargestellt, folgend verlaufen:

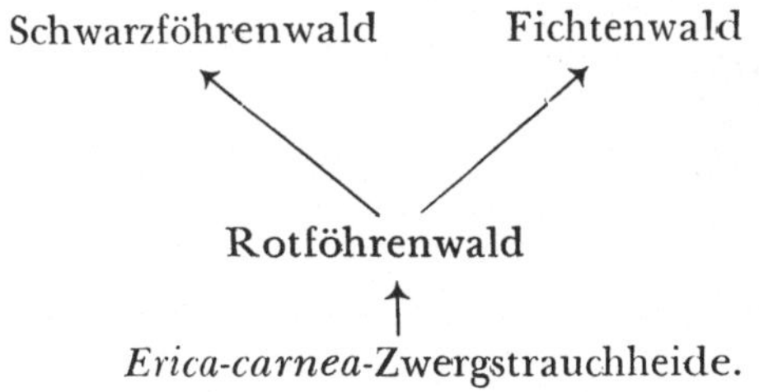


Auf steilen Hängen bilden diese Rotföhrenwälder Dauergesellschaften. Sie konnten sich noch nicht weiter entwickeln, weil die Feinerde immer wieder weggespült wird. Erst dann, wenn durch Auflagerung einer Humusschicht der Boden wasserhältiger geworden ist, verläuft die Entwicklung je nach Höhenstufe weiter zum Eichen-Hainbuchenwald, Buchenwald oder Fichtenwald.

B e i s p i e l e :

| Nr. der Aufnahme | 1 | 2 |
|---|---|---|
| Meereshöhe in Metern | 800 | 750 |
| Neigung in Graden | 25—30 | 5 |
| Himmelslage | S | S |
| Größe der Aufnahmefläche in m² | 100 | 100 |
| **B a u m s c h i c h t :** | | |
| *Pinus silvestris* | 5.5 | 5.5 |
| **S t r a u c h s c h i c h t :** | | |
| *Juniperus communis* | | 4.4 |
| *Berberis vulgaris* | | 1.1 |
| *Pinus silvestris* | | 1.1 |
| *Amelanchier ovalis* | | + |
| **N i e d e r w u c h s :** | | |
| *Erica carnea* | 5.5 | 5.5 |
| *Globularia cordifolia* | +.2 | 3.3 |
| *Teucrium montanum* | +.2 | 2.2 |
| *Prunella grandiflora* | 1.1 | 1.1 |
| *Buphthalmum salicifolium* | 1.1 | 1.1 |
| *Dorycnium germanicum* | +.2 | 1.1 |
| *Thymus „Serpyllum"* | +.2 | +.2 |
| *Peucedanum Oreoselinum* | 1.1 | + |
| *Polygala Chamaebuxus* | + | 1.1 |
| *Epipactis atrorubens* | + | 1.1 |
| *Galium verum* | + | + |
| *Carlina vulgaris* | + | + |
| *Teucrium Chamaedrys* | + | + |
| *Pimpinella saxifraga* | + | + |
| *Cotoneaster tomentosa* | + | + |
| *Cynanchum Vincetoxicum* | + | + |
| *Viola silvestris* | + | + |
| *Rhamnus cathartica* | + | + |
| *Molinia arundinacea* | + | + |
| *Calamagrostis varia* | 2.2 | |
| *Juniperus communis* | 2.2 | |
| *Rhamnus saxatilis* | 1.2 | |
| *Amelanchier ovalis* | +.2 | |
| *Carex humilis* | +.2 | |
| *Viburnum Lantana* | + | |
| *Helianthemum ovatum* | + | |
| *Asperula cynanchica* | + | |
| *Scabiosa Columbaria* | + | |
| *Anthericum ramosum* | + | |
| *Dianthus silvester* | + | |
| *Bromus erectus* | + | |

| Nr. der Aufnahme | 1 | 2 |
|---|---|---|
| Meereshöhe in Metern | 800 | 750 |
| Neigung in Graden | 25–30 | 5 |
| Himmelslage | S | S |
| Größe der Aufnahmefläche in m² | 100 | 100 |
| *Sesleria varia* | + | |
| *Coronilla vaginalis* | + | |
| *Calamintha alpina* | + | |
| *Peucedanum cervaria* | + | |
| *Lotus corniculatus* | + | |
| *Pteridium aquilinum* | + | |
| *Berberis vulgaris* | + | |
| *Campanula glomerata* | + | |
| *Thesium alpinum* | + | |
| *Corylus Avellana* | + | |
| *Potentilla erecta* | + | |
| *Goodyera repens* | + | |
| *Brachypodium pinnatum* | | + |
| *Pinus silvestris* | | + |
| *Euphrasia cuspidata* | | + |
| *Scabiosa lucida* | | + |
| *Galium lucidum* | | + |
| *Hieracium staticifolium* | | + |
| *Hieracium piloselloides* | | + |
| *Trisetum argenteum* | | + |
| *Solidago Virgaurea* | | + |
| *Euphorbia Cyparissias* | | + |
| *Linum catharticum* | | + |
| *Campanula rotundifolia* | | + |
| Moosschicht: | | |
| *Scleropodium purum* | 3.3 | 2.3 |
| *Hylocomium splendens* | + | 1.3 |
| *Rhytidiadelphus triquetrus* | +.2 | + |
| *Tortella inclinata* | | 3.4 |
| *Rhytidium rugosum* | +.2 | |
| *Pleurozium Schreberi* | + | |
| *Dicranum scoparium* | + | |

Den Einzelbestand der Aufnahme Nr. 1 untersuchte ich auf einem Südhang im Staffelwäldchen ob Imst ober der Rosengartenschlucht auf Dolomitboden.

Der floristische Aufbau zeigt uns das beherrschende Auftreten der bodentrockenen basischen Arten im Unterwuchs. Nur vereinzelt kommen einige wenige anspruchsvolle Arten vor. Die Schneeheide beherscht den Niederwuchs. Außer der Föhre können keine Holzarten lebenskräftig in die Baumschicht wachsen. Das Hervortreten vom Grünstengel-Astmoos ist ebenfalls für den mehr oder weniger trockenen basischen Boden bezeichnend.

Wir haben hier auf dem steilen Südhang eine Dauergesellschaft, vor allem auch darum, weil der Dolomitboden sehr brüchig ist und immer wieder zusammenbricht, so daß junger Boden entsteht, der neu besiedelt werden muß.

Ich stelle diesen bodenbasischen Rotföhrenwald zum Grünstengel-Astmoosreichen *Erica-carnea*-reichen Rotföhrenwald der Zentralalpinen Föhrenstufe, der sich über die *Erica-carnea*-Zwergstrauchheide heraufentwickelt hat und als Dauergesellschaft in absehbarer Zeit sich nicht mehr weiter entwickeln wird (Ericetum carneae ↗ PINETUM silvestris ericosum carneae).

Die steile, sonnige Lage, Streunutzung und Waldweide haben so extreme Verhältnisse geschaffen, daß eine weitere Waldentwicklung nur sehr, sehr langsam erfolgen kann.

Der Wasserhaushalt wird insbesondere durch vier Faktoren ungünstig beeinflußt, nämlich durch:

1. steile, sonnige Lage;
2. wasserdurchlässigen Dolomitboden;
3. Streunutzung durch Plaggenhieb;
4. Weidenutzung.

Der Streunutzung durch Plaggenhieb ist es zuzuschreiben, daß trotz sonniger Lage keine Art in der Strauchschicht auftritt, obwohl im Niederwuchs viele Strauchholzarten auftreten, wie z. B. *Cotoneaster tomentosa, Rhamnus saxatilis, Amelanchier ovalis, Viburnum Lantana, Juniperus communis, Berberis vulgaris, Corylus Avellana.*

Die Streunutzung nimmt dem Boden nicht nur die wasserhaltende Humusschicht, sondern verhindert auch das Aufkommen eines den Boden beschattenden strauchigen Unterwuchses.

Die Weidenutzung entnimmt ebenfalls dem Walde eine ganze Reihe den Boden beschattender Arten und bewirkt eine bestimmte Auslese, nach der sich besonders solche Arten durchsetzen können, welche infolge ihrer Dornen, Stacheln, festen Gewebe oder Gifte vom Weidevieh nicht gerne genommen werden.

Einen besonders stark beweideten bodenbasischen Rotföhrenwald untersuchte ich auf einem schwach nach Süden geneigten Kalk-Schuttkegel östlich Mils bei Imst in Tirol: Aufnahme Nr. 2 auf Seite 10–11.

Ich stelle diesen Wald zur Wacholderausbildung des *Erica-carnea*-reichen Rotföhrenwaldes, der sich über eine *Erica-carnea*-Heide heraufentwickelt hat (Ericetum carneae ↗ PINETUM silvestris juniperetosum communis ericosum carneae).

Wir haben hier eine Wachholder-Weidefazies vor uns. Der Wachholder wird vom Weidevieh nicht gerne gefressen und breitet sich aus.

Der Haushalt dieses Bestandes ist gekennzeichnet durch jungen wasserdurchlässigen Kalkgeröllboden, trockenes inneralpines Klima und starken Weidegang, schlechten Wasser- und Nährstoffhaushalt.

W i r t s c h a f t l i c h e  F o l g e r u n g e n: In diesen Rotföhrenwäldern ist ganz besonders der ungünstige Wasserhaushalt der Minimumfaktor. Die Forstwirtschaft hat also alle Maßnahmen durchzuführen, die den Wasserhaushalt heben. Kahlschläge sind zu unterlassen, weil dadurch der Boden ausgehagert und die Feinerde abgespült wird. Im zweiten Beispiel müßte besonders die rücksichtslose Weidewirtschaft abgestellt werden, denn diese wirkt durch Betritt des Bodens und Befraß sehr ungünstig.

### Rotföhrenwald mit Beziehung zum Schwarzföhrenwald.

Floristische Merkmale: Die Rotföhre beherrscht, begleitet von Schwarzföhren, lebenskräftig wachsend die Baumschicht. In der Strauchschicht treten verschiedene Sträucher, die trockenen Boden ertragen können, nur dann hervor, wenn der Bestand nicht ganz geschlossen ist. Die Fichte zeigt sehr geringe Lebenskraft. Im Niederwuchs herrschen die bodentrockenen basischen Arten vor.

Haushalt: Dieser Wald besitzt einen so ungünstigen Wasser- und Nährstoffhaushalt, daß keine anspruchsvolleren Bäume, ja nicht einmal die Fichte, zusagende Lebensbedingungen zu kräftigem Wachstum finden. Wir treffen ihn im Verbreitungsgebiet der Schwarzföhre in der unteren Laubwaldstufe.

Entwicklung: Meist hat auf diesen Böden die *Erica-carnea*-Zwergstrauch-Gesellschaft die Vegetationsentwicklung eingeleitet, die, schematisch dargestellt, in der unteren Buchenstufe folgend verlaufen kann:

Rotbuchen-Tannen-Fichten-Mischwald

Fichtenwald
mit Rotbuchen-Tannen-Unterwuchs

*Erica-carnea*-reicher Schwarzföhrenwald
mit Fichten-Unterwuchs

*Erica-carnea*-reicher Rotföhrenwald
mit Schwarzföhren-Unterwuchs

*Erica-carnea*-reicher Rotföhrenwald

Rotföhren kommen in der
*Erica-carnea*-Zwergstrauchheide auf

*Erica-carnea*-Zwergstrauchheide

Wie aus der schematischen Darstellung hervorgeht, zeigt das Pfeilschema aber auch zurück in die Richtung der Anfangsgesellschaft. Das heißt, durch waldverwüstende Eingriffe, wie z. B. Plaggenhieb, wird dem Boden die wasserhaltende Kraft und der Nährstoffgehalt genommen und der Wald zu einer anspruchsloseren Gesellschaft degradiert.

Beispiele:

| Nr. der Aufnahme | 1 | 2 |
|---|---|---|
| Meereshöhe in Metern | 570 | 580 |
| Himmelslage | NO | SO |
| Neigung in Graden | 10 | 15 |

Baumschicht:

| | | |
|---|---|---|
| *Pinus silvestris* | 4.2 | 5.5 |
| *Pinus nigra* | + | +.1 |
| *Picea excelsa* | +⁰ | +.1⁰ |

Schwarzkiefern besiedeln herabgestürzten Felsblock.

Strauchschicht:

| | | |
|---|---|---|
| *Daphne Cneorum* | 2.2 | 2.2 |
| *Berberis vulgaris* | 2.2 | |
| *Juniperus communis* | 2.2 | |
| *Salix glabra* | 1.2 | |

| Nr. der Aufnahme | 1 | 2 |
|---|---|---|
| Meereshöhe in Metern | 570 | 580 |
| Himmelslage | NO | SO |
| Neigung in Graden | 10 | 15 |
| *Pinus nigra* | 1.1 | |
| *Pinus silvestris* | + | |
| *Ostrya carpinifolia* | + | |
| *Crataegus monogyna* | + | |
| *Rhamnus Frangula* | + | |
| *Ligustrum vulgare* | + | |
| *Rhamnus cathartica* | + | |
| *Rhamnus saxatilis* | + | |
| Niederwuchs: | | |
| *Erica carnea* | 5.5 | 4.5 |
| *Polygala Chamaebuxus* | 2.2 | 2.1 |
| *Helleborus niger* | 2.1 | 2.2 |
| *Cytisus nigricans* | 2.2 | 1.1 |
| *Carex alba* | 1.2 | 1.2 |
| *Teucrium Chamaedrys* | 1.1 | 1.1 |
| *Rubus saxatilis* | 1.1 | 1.1 |
| *Potentilla erecta* | 2.1 | + |
| *Peucedanum Oreoselinum* | 1.1 | +.1 |
| *Buphthalmum salicifolium* | 1.1 | +.1 |
| *Calamagrostis varia* | + | 1.1 |
| *Cyclamen europaeum* | + | 1.1 |
| *Euphorbia amygdaloides* | 1.1 | + |
| *Anemone trifolia* | + | 1.1 |
| *Petasites niveus* | + | +.1 |
| *Campanula caespitosa* | + | +.2 |
| *Knautia drymeia* | + | +.1 |
| *Aquilegia vulgaris* | + | +.1 |
| *Galium verum* | + | + |
| *Geranium sanguineum* | + | + |
| *Thesium bavarum* | + | + |
| *Genista tinctoria* | + | + |
| *Lotus corniculatus* | + | + |
| *Carex flacca* | + | + |
| *Biscutella laevigata* | 1.1 | |
| *Prunella grandiflora* | 1.1 | |

| Nr. der Aufnahme | 1 | 2 |
|---|---|---|
| Meereshöhe in Metern | 570 | 580 |
| Himmelslage | NO | SO |
| Neigung in Graden | 10 | 15 |
| *Pteridium aquilinum* | 1.1 | |
| *Euphorbia Cyparissias* | 1.1 | |
| *Brachypodium pinnatum* | | 1.1 |
| *Fraxinus Ornus* | | 1.1 |
| *Vaccinium Myrtillus* | | +.2 |
| *Lastrea obtusifolia (= Dryopteris Robertiana)* | | +.1 |
| *Fagus silvatica* | | +.1 |
| *Salvia glutinosa* | | +.1 |
| *Berberis vulgaris* | | +.1 |
| *Gentiana ciliata* | + | |
| *Genista germanica* | + | |
| *Sieglingia decumbens* | + | |
| *Tofieldia calyculata* | + | |
| *Euphorbia dulcis* | + | |
| *Parnassia palustris* | + | |
| *Carlina acaulis* | + | |
| *Galium pumilum* | + | |
| *Polygala amara* | + | |
| *Selaginella helvetica* | + | |
| *Hippocrepis comosa* | + | |
| *Cirsium Erisithales* | + | |
| *Viburnum Lantana* | | + |
| *Polygonatum officinale* | | + |
| *Ostrya carpinifolia* | | + |
| *Solidago Virgaurea* | | + |
| *Melampyrum pratense* | | + |
| *Clematis Vitalba* | | + |
| *Rhamnus Frangula* | | + |
| Moosschicht: | | |
| *Scleropodium purum* | 3.3 | 2.3 |
| *Rhytidiadelphus triquetrus* | +.2 | + |
| *Hylocomium splendens* | | 2.3 |
| *Tortella inclinata* | +.2 | |
| *Pleurozium Schreberi* | + | |

Den Rotföhrenwald der Aufnahme Nr. 1 untersuchte ich auf einem 10° Nordost geneigten Schuttkegel nordwestlich Unterloibl in den Karawanken.

Der Wald war 0,7 bestockt und 70—80jährig.

Wie aus dem floristischen Aufbau hervorgeht, sind der Großteil der Arten bodentrockene bodenbasische Arten. Wenn daneben auch einige wenige bodensaure und anspruchsvollere Arten vorkommen, so erklärt sich dies dadurch, daß die Nadelstreu den Boden da und dort oberflächlich versauert (bodensaure Arten) und da und dort mosaikartig besonders günstige Bodenverhältnisse herrschen, nämlich einerseits dort, wo der Boden schon ursprünglich lehmiger ist, andererseits dort, wo milder wasserhältiger Humus herangeschwemmt wurde (anspruchsvolle Arten). Für die Beurteilung des Waldes sind aber die Arten, welche mehr hervortreten, besonders wichtig.

Die begrabenen Humushorizonte im Aufschluß eines Kalk schuttkegels deuten darauf hin, daß Hochwasserkatastrophen wiederholt den vegetationsbedeckten Oberboden vermurrt haben.

Warum ist dieser Wald in seiner Entwicklung in den letzten tausend Jahren nicht schon weiter zum Buchenwald gelangt?

Die Erklärung liegt hier darin, daß, wie aus dem Bodenprofil hervorgeht, immer wieder Hochwasserkatastrophen den Boden neu mit Schutt überlagern und die Vorbedingung zu neuer Besiedlung bieten. In unserem Waldboden sind im Wildbachgraben vier Humushorizonte aufgeschlossen, die erkennen lassen, daß vier Katastrophen den Waldboden mit Kalkgeröll überlagert haben und die Besiedlung neu beginnen mußte.

Wird der Boden außerdem noch streugenutzt, so ist zu verstehen, daß die Bodenbildung und Waldentwicklung noch nicht zum Buchenwald, der hier die Schlußgesellschaft ist, gelangen konnte.

Dieser Wald wurde schon lange nicht streugerecht. Dies geht aus dem Zurücktreten der bodensauren Arten hervor, aber auch aus dem Reichtum an Sträuchern, die im wenig geschlossenen Wald gut gedeihen können.

Ich stelle diesen Wald zur Schwarzföhren-Ausbildung des *Erica-carnea*-reichen Rotföhrenwaldes, der früher oder später über ein Fichtenwaldstadium zum Rotbuchen-Tannen-Fichten-Mischwald führen würde (Ericetum carneae ↗ PINETUM silvestris pinetosum nigrae ericosum carneae ↗ Abieteto-Fagetum piceetosum).

Die Beziehung zum Schwarzföhrenwald geht klar daraus hervor, daß die Schwarzföhre im Unterwuchs aufkommt und, die Beschattung besser ertragend, sich durchsetzt. Die Rotföhre braucht die Konkurrenz der Fichte nicht zu fürchten, da diese noch nicht ihren Wasserhaushalt so befriedigen kann, daß sie lebenskräftig aufkommen kann.

Die Schneeheide ist hier zu Beginn der Vegetationsentwicklung auch eine Pioniergesellschaft, welche die Vegetationsentwicklung, wie aus der schematischen Darstellung hervorgeht, einleitet.

Aufnahme Nr. 2 machte ich im selben Gebiet auf einem 15° geneigten Südosthang in 580 m Seehöhe auf einem Kalkschuttkegel.

Dieser Wald ist geschlossener. Die Strauchschicht tritt hier zurück, weil dieser Wald vor einigen Jahren durch Plaggenhieb streugenutzt wurde. Im übrigen ist aber der floristische Aufbau und der Haushalt dieses Waldes ganz ähnlich dem erstgenannten und ich stelle daher auch diesen Einzelbestand zur selben Ausbildung.

Wirtschaftliche Folgerungen: Bei der Bewirtschaftung dieser Wälder muß man besonders auf die Hebung des Wasserhaushaltes bedacht sein. Dann zieht ganz von selbst ein reiches Bodenleben ein und verarbeitet den rohen Humus der Schneeheide und der Föhren zu mildem Humus und begünstigt damit die Vegetationsentwicklung zum Buchenwald bzw. Buchen-Tannen-Fichten-Wirtschaftswald.

Im jetzigen Stadium der Vegetationsentwicklung können wir nur Rot- und Schwarzföhren-Nutzholz aufbringen.

Der Fichte ist der Boden noch zu trocken und der Buche außerdem noch zu nährstoffarm.

### Bodenbasischer Rotföhrenwald in Entwicklung zum Fichtenwald.

Floristischer Aufbau: Die Rotföhre bedeckt lebenskräftig wachsend die Baumschicht, begleitet von Fichten, die in der Strauchschicht und im Niederwuchs lebenskräftig aufkommen; Eichen und Buchen treten zurück. Im Niederwuchs treten bodentrockene Arten stark hervor. Da und dort können im sauren Auflagehumus wurzelnd auch bodensaure Arten vertreten sein. Die Moosschicht ist reichlich entwickelt.

Haushalt: Diesen Wald finden wir in den Laubwaldstufen vor allem auf skelettreichen Kalk- oder Dolomitböden mit mäßigem Wasser- und Nährstoffhaushalt. Hier können die Stiel- und Traubeneichen nicht lebenskräftig aufkommen, weil ihnen dieser trockene, lehmarme Boden nicht zusagt und sie zum Gedeihen Böden mit größerer wasserhaltender Kraft benötigen.

---

Schematische Darstellung der verschiedenen alten Bergsturzböden. Die jeweils jüngeren Bergstürze begraben die Vegetation der alten Bergstürze und hinterlassen oft nur schmale, begrabene Humushorizonte als Zeugen der Überschüttung.

Bewaldung verschieden alter Bergsturzböden.

Jüngster Bergsturz trägt Weisskiefernwald – Mittelalterlicher Bergsturz trägt Fichtenwald – Altester Bergsturz trägt Buchen-Tannen-Fichtenmischwald

Entwicklung: Die Vegetationsentwicklung verläuft hier, schematisch dargestellt, folgend:

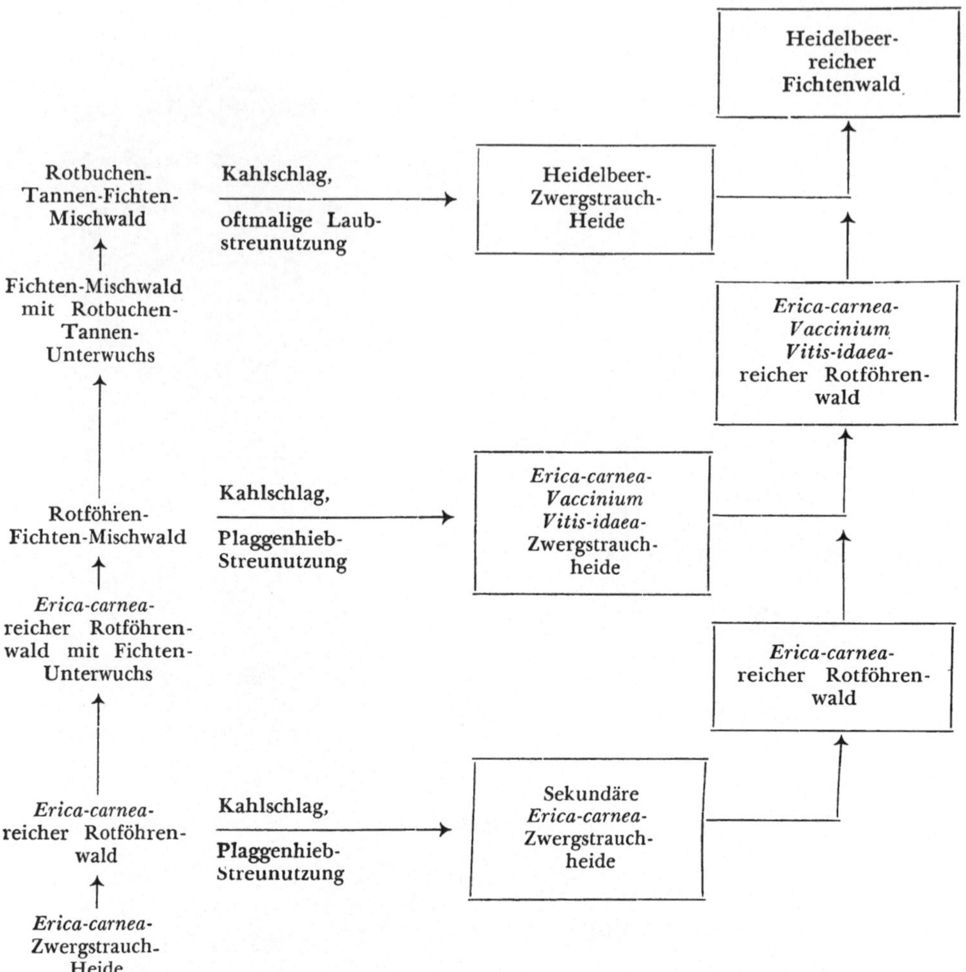


Ausgelöst wird diese aufsteigende Vegetationsentwicklung durch Verbesserung des Wasserhaushaltes, durch Aufbau einer wasserhaltenden Humusschicht.

Wird der Waldboden seiner Humusschicht durch Streunutzung beraubt und der Wald kahlgeschlagen, so wird er zum minderwertigen Föhrenwald, ja zur Schneeheidegesellschaft herabgewirtschaftet.

Solche sekundäre bodenbasische Rotföhrenwälder sind insbesondere am Auftreten von bodensauren Arten zu erkennen, wie z. B. Preißelbeere, Heidelbeere, Einseitswendiges Wintergrün u. a.

---

Schematische Darstellung: In schattig feuchter Schlucht kommt die Rotbuche unter dem Rot-Föhrenwald hoch (Pinetum silvestris basiferens ↗ Fagetum).

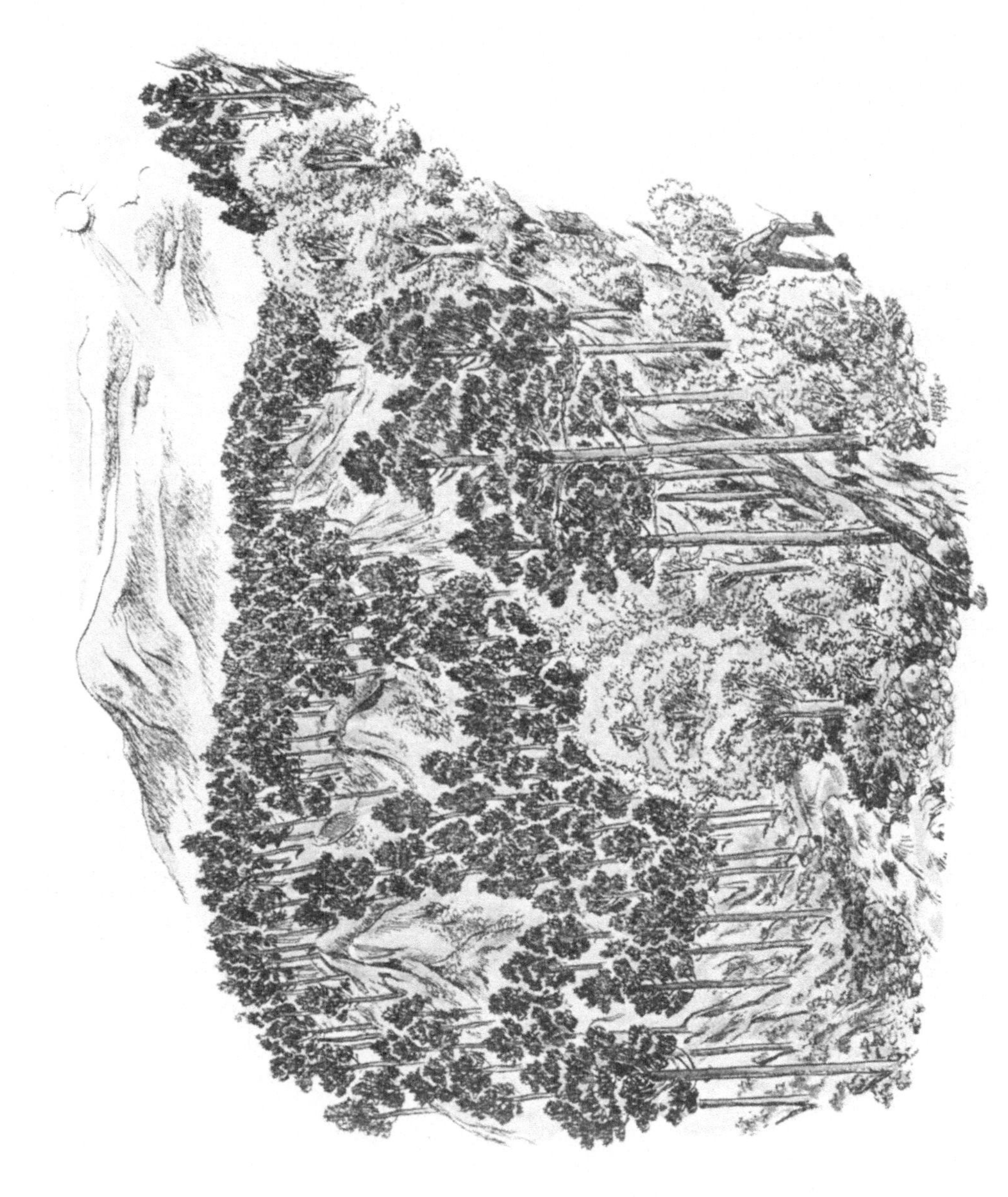

B e i s p i e l e :

| Nr. der Aufnahme | 1 | 2 | 3 | 4 | 5 | 6 |
|---|---|---|---|---|---|---|
| Meereshöhe in Metern | 520 | 510 | 780 | 770 | 800 | 520 |
| Himmelslage | | | W | S | N | |
| Neigung in Graden | eben | eben | 15° | 10° | 40° | eben |
| **B a u m s c h i c h t :** | | | | | | |
| *Pinus silvestris* | 4.5 | 5.5 | 0.6 | 0.5 | 0.9 | 5.5 |
| *Picea excelsa* | + | 1.1 | 0.4 | 0.5 | 0.1 | + |
| *Pinus nigra* | | | | + | | |
| *Larix decidua* | | | | + | | |
| **S t r a u c h s c h i c h t :** | | | | | | |
| *Picea excelsa* | 1.2 | 4.3 | 1.1° | | 1.1 | 1.1 |
| *Pinus silvestris* | + | + | + | + | + | |
| *Juniperus communis* | + | + | | | + | 1.1 |
| *Berberis vulgaris* | 1.2 | + | | | | 1.1 |
| *Sorbus Aria* | | | + | + | | 1.1 |
| *Crataegus monogyna* | + | | | | + | |
| *Larix decidua* | | | + | + | | |
| *Cotoneaster tomentosa* | | | | + | + | |
| *Amelanchier ovalis* | | | | | | 3.3 |
| *Fraxinus Ornus* | | | | | | 1.1 |
| *Viburnum Lantana* | | | | | | 1.1 |
| *Pinus Mugo* | | | +.2 | | | |
| *Ligustrum vulgare* | + | | | | | |
| *Rhamnus cathartica* | + | | | | | |
| *Juniperus nana* | | | | + | | |
| **N i e d e r w u c h s :** | | | | | | |
| *Erica carnea* | 4.3 | 5.5 | 5.5 | 5.5 | 5.5 | 5.5 |
| *Polygala Chamaebuxus* | 1.1 | 1.1 | 1.1 | 3.2 | 1.1 | 1.2 |
| *Hieracium silvaticum*[1]) | + | +° | + | + | + | + |
| *Calamagrostis varia* | | | 1.1 | + | 1.1 | 2.2 |
| *Carex alba* | + | 1.2 | | 1.1 | | 1.2 |
| *Rubus saxatilis* | | 1.1 | 1.1 | 1.1 | | + |
| *Platanthera bifolia* | + | + | | + | | + |
| *Sesleria varia* | + | | | + | + | + |
| *Vaccinium Vitis-idaea* | | | 3.2 | 3.2 | | 2.2 |
| *Brachypodium pinnatum* | 1.1 | 2.2 | | | + | |
| *Melampyrum silvaticum* | | | + | + | 2.2 | |
| *Valeriana tripteris* | | | | + | + | 1,2 |
| *Galium verum* | + | | | | + | 1.1 |
| *Epipactis atrorubens* | | + | | + | 1.1 | |

[1]) *Hieracium silvaticum* (L.) Grufb. = *Hieracium murorum* L. em. Huds.

| Nr. der Aufnahme | 1 | 2 | 3 | 4 | 5 | 6 |
|---|---|---|---|---|---|---|
| Meereshöhe in Metern | 520 | 510 | 780 | 770 | 800 | 520 |
| Himmelslage | | | W | S | N | |
| Neigung in Graden | eben | eben | 15° | 10° | 40° | eben |
| *Goodyera repens* | + | | + | | 1.1 | |
| *Pirola secunda* | | + | | | 1.1 | + |
| *Cyclamen europaeum* | + | + | | | | + |
| *Peucedanum Oreoselinum* | | + | | | + | + |
| *Carlina acaulis* | | | + | + | + | |
| *Lotus corniculatus* | | | + | + | + | |
| *Helleborus niger* | | + | | 2.2 | | |
| *Vaccinium Myrtillus* | | | | + | | 1.2 |
| *Fragaria vesca* | + | 1.2 | | | | |
| *Genista germanica* | + | 1.1 | | | | |
| *Fragaria moschata* | | | + | 1.1 | | |
| *Pinus silvestris* | | + | | + | | |
| *Pirola rotundifolia* | | + | | | | + |
| *Anthyllis alpicola*[2]) | | | + | + | | |
| *Thymus „Serpyllum"* | | | | + | + | |
| *Antennaria dioica* | | | + | + | | |
| *Melica nutans* | + | + | | | | |
| *Euphorbia amygdaloides* | + | + | | | | |
| *Lastrea (Dryopteris) obtusifolia* | | + | | + | + | |
| *Hepatica nobilis* | | + | | | + | |
| *Carex digitata* | | | + | | | + |
| *Knautia drymeia* | | | | + | + | |
| *Buphthalmum salicifolium* | | | | + | | + |
| *Pteridium aquilinum* | + | + | | | | |
| *Sorbus aucuparia* | + | | | | + | |
| *Carex flacca*[3]) | + | | | | | + |
| *Rhamnus Frangula* | | + | | + | | |
| *Euphorbia Cyparissias* | | | + | + | | |
| *Rosa pendulina* | | | + | + | | |
| *Galium „Mollugo"* | | | + | + | | |
| *Daphne Cneorum* | | | 1.2 | | | |
| *Rhododendron hirsutum* | | | | 1.2 | 1.2 | |
| *Potentilla erecta* | | | | 1.1 | | |
| *Amelanchier ovalis* | | | | +.2 | | |
| *Teucrium Chamaedrys* | | | | | | +.2 |
| *Homogyne alpina* | | | +.2 | | | |
| *Adenostyles glabra* | | | +.2 | | | |
| *Molinia arundinacea* | | | | | | +.2 |
| *Viburnum Lantana* | + | | | | | |
| *Listera cordata* | + | | | | | |
| *Aquilegia vulgaris* | + | | | | | |
| *Aremonia agrimonioides* | + | | | | | |

[2]) *Anthyllis alpicola* Brügg. = *Anthyllis Vulneraria* L. var. *alpestris* Kit.

[3]) *Carex flacca* Schreb. = *Carex glauca* Scop.

| Nr. der Aufnahme | 1 | 2 | 3 | 4 | 5 | 6 |
|---|---|---|---|---|---|---|
| Meereshöhe in Metern | 520 | 510 | 780 | 770 | 800 | 520 |
| Himmelslage | | | W | S | N | |
| Neigung in Graden | eben | eben | 15° | 10° | 40° | eben |
| *Listera ovata* | + | | | | | |
| *Anemone trifolia* | + | | | | | |
| *Cirsium acaule* | + | | | | | |
| *Viola silvestris* | + | | | | | |
| *Quercus petraea*[4]) | | + | | | | |
| *Carlina vulgaris* | | + | | | | |
| *Cynanchum Vincetoxicum* | | + | | | | |
| *Achnatherum Calamagrostis* | + | | | | | |
| *Euphorbia dulcis* | | + | | | | |
| *Crataegus monogyna* | | + | | | | |
| *Globularia cordifolia* | | | + | | | |
| *Deschampsia flexuosa* | | | + | | | |
| *Luzula pilosa* | | | + | | | |
| *Ajuga pyramidalis* | | | + | | | |
| *Luzula silvatica* | | | + | | | |
| *Polygonatum verticillatum* | | | + | | | |
| *Pulsatilla alpina* | | | + | | | |
| *Polygala amara* | | | + | | | |
| *Viola* sp. | | | + | | | |
| *Convallaria majalis* | | | | + | | |
| *Helianthemum alpestre* | | | | + | | |
| *Calamintha alpina* | | | | + | | |
| *Scabiosa lucida* | | | | + | | |
| *Betonica divulsa (= Stachys Jacquini)* | | | | + | | |
| *Thymus „Serpyllum"* | | | | + | | |
| *Genista tinctoria* | | | | + | | |
| *Hieracium Pilosella* | | | | + | | |
| *Veronica officinalis* | | | | + | | |
| *Majanthemum bifolium* | | | | + | | |
| *Acer Pseudoplatanus* | | | | + | | |
| *Ranunculus nemorosus* | | | | + | | |
| *Heliosperma alpestre* | | | | + | | |
| *Pimpinella major* | | | | + | | |
| *Silene nutans* | | | | + | | |
| *Vinca minor* | | | | + | | |
| *Melampyrum pratense* | | | | + | | |
| *Lonicera Xylosteum* | | | | | + | |
| *Carduus nutans* | | | | | + | |
| *Chrysanthemum Leucanthemum* | | | | | + | |
| *Campanula rotundifolia* | | | | | + | |
| *Campanula glomerata* | | | | | + | |
| *Aster bellidiastrum* | | | | | + | |

[4]) *Quercus petraea* (Mattuschka) Lieblein = *Quercus selliliflora* Salisb.

| Nr. der Aufnahme | 1 | 2 | 3 | 4 | 5 | 6 |
|---|---|---|---|---|---|---|
| Meereshöhe in Metern | 520 | 510 | 780 | 770 | 800 | 520 |
| Himmelslage | | | W | S | N | |
| Neigung in Graden | eben | eben | 15° | 10° | 40° | eben |
| *Salix grandifolia* | | | | | + | |
| *Galium Mollugo* var. *erectum* | | | | | + | |
| *Quercus Robur* | | | | | + | |
| *Campanula persicifolia* | | | | | + | |
| *Pimpinella saxifraga* | | | | | | + |
| *Galium vernum* | | | | | | + |
| *Cytisus purpureus* | | | | | | + |
| Moosschicht: | | | | | | |
| *Scleropodium purum* | 5.5 | 3.5 | 1.2 | + | +.5 | 3.4 |
| *Pleurozium Schreberi* | + | 3.5 | 1.2 | 1.3 | 2.5 | 3.5 |
| *Hylocomium splendens* | 1.2 | | 1.3 | 4.4 | 1.2 | 3.3 |
| *Rhytidiadelphus triquetrus* | | | 1.2 | 1.3 | 3.5 | 1.3 |
| *Dicranum scoparium* | +.2 | | | | +.3 | |
| *Cladonia rangiferina* | | | + | + | | |
| *Tortella inclinata* | | +.2 | | | | |
| *Ptilium crista-castrensis* | | | | | +.4 | |
| *Polytrichum formosum* | | | | | | +.5 |
| *Bazzania tribolata* | | | | | | +.3 |
| *Marchantia polymorpha* | | | | | + | |

Aufnahme Nr. 1 machte ich bei der Thonetmühle in der Schütt am Südfuß der Villacher Alpe, in ebener Lage auf Schwemmsandboden.

Im Niederwuchs ist *Listera cordata* als Charakterart des Fichtenwaldes vertreten. Daneben ist *Goodyera repens* für solche Rotföhrenwälder bezeichnend, die schon einen besseren Wasserhaushalt und Beziehungen zum Fichtenwald haben. Die Fichte selbst ist in der Baum- und Strauchschicht lebenskräftig vertreten.

Ich stelle diesen Wald zu einem dem Fichtenwald nahestehenden sekundären *Erica-carnea*-reichen Rotföhrenwald, der sich über die *Erica-carnea*-Zwergstrauchheide heraufentwickelt hat und sich weiter zum Fichten-Rotbuchen-Mischwald entwickelt (Ericetum carneae sec. ↗ PINETUM silvestris piceetosum ericosum carneae ↗ Piceeto-Fagetum).

Den Einzelbestand der Aufnahme Nr. 2 fand ich ebenfalls in der Schütt am Südfuß der Villacher Alpe auf Schwemmsandboden.

Ich stelle ihn zur selben Ausbildung wie den der Aufnahme Nr. 1.

Auch hier geht die Beziehung zum Fichtenwald klar aus dem lebenskräftigen Auftreten der Fichte hervor. Die vielen bodentrockenen Arten, insbesondere das geschlossene Auftreten der Schneeheide, lassen erkennen, daß die Wasserhaushaltsverhältnisse noch nicht gut sind, obwohl andererseits schon anspruchsvolle Laubwaldarten auftreten.

Die Aufnahme Nr. 3 machte ich in einem Bergsturzgebiet in Tragößs (Obersteiermark).

Ich stelle diesen Wald zum sekundären *Erica*-Preißelbeer-reichen Fichten-Rotföhren-Mischwald, der sich über die *Erica-carnea*-Zwergstrauchheide heraufentwickelt hat und durch Plaggenhieb-Streunutzung herabgewirtschaftet wurde (Ericetum carneae sec. ↗ Piceeto-PINETUM silvestris ericosum carneae vacciniosum Vitis-idaeae ↗ Piceeto-Fagetum).

*Erica carnea* kommt von oben in den darunter liegenden Silberwurzbestand (Dryadetum octopetalae ↗ Ericetum carneae).

Die Beziehung zum Fichtenwald geht klar daraus hervor, daß dieser Rotföhrenwald ein Verwüstungsstadium des Fichtenwaldes ist und sich wieder zum Fichtenwald entwikkelt. Dafür spricht insbesondere das mitherrschende Auftreten der Fichte in der Baum- und Strauchschicht und das Auftreten von *Goodyera repens, Melampyrum silvaticum, Homogyne alpina* neben der reichlichen Moosschicht im Unterwuchs. In der Serie der Vegetationsentwicklung vom Rotföhrenwald zum Fichtenwald nimmt dieser Wald zweifellos eine mittlere Stellung ein.

Die bodensauren Arten, vor allem das starke Auftreten der Preißelbeere, ist bedingt durch Plaggenhieb-Streunutzung und Kahlschlag. Dadurch wird das Bodenleben so gestört, daß der Humus nicht verarbeitet werden kann und roh liegen bleibt.

Für Aufnahme Nr. 4 gilt dasselbe wie für den Einzelbestand der Aufnahme Nr. 3. Auch diesen Einzelbestand untersuchte ich im Bergsturzgebiet bei Tragöß.

Auf Grund seines ähnlichen floristischen Aufbaues stelle ich ihn zur selben Ausbildung, nämlich zum sekundären *Erica*-Preißelbeer-reichen Fichten-Rotföhren-Mischwald, der sich über die *Erica-carnea*-Zwergstrauchheide heraufentwickelt hat und durch Plaggenhieb-Streunutzung herabgewirtschaftet wurde. (Ericetum carneae sec. ↗ Piceeto-PINETUM silvestris ericosum carneae vacciniosum Vitis-idaeae ↗ Piceeto-Fagetum).

Obwohl Rotföhre und Fichte in der Baumschicht zu gleichen Teilen vertreten sind, so rechtfertigen die vielen bodentrockenen bodenbasischen Arten im Niederwuchs die Zuteilung zum bodenbasischen Rotföhren-Fichten-Mischwald und nicht zum Fichtenwald.

Den Einzelbestand der Aufnahme Nr. 5 fand ich in der unteren Nadelwaldstufe als Dauergesellschaft auf einem 40° geneigten Nordhang in der Rosengartenschlucht bei Imst in Tirol auf Dolomitboden. Baumschicht 10—12 m hoch.

Dieser Wald ist eine Dauergesellschaft, die sich infolge Steilheit des Hanges nicht weiter aufwärts entwickeln konnte. Wie die Streunutzung in ebenen Lagen die Feinerde und die aufgebauten obersten Humusschichten immer wieder wegnimmt und dadurch die Weiterentwicklung unterbindet, so wird hier infolge der Steillage die Feinerde und der Humus immer wieder abgewaschen. Der Haushalt dieses Waldes ist sehr kärglich in Bezug auf Nährstoffe, während der Wasserhaushalt des Oberbodens infolge der schattigen Lage nicht ungünstig ist, wie das reichliche Auftreten von *Rhytidiadelphus triquetrus* anzeigt. Die schat-

Im durchlichteten *Erica-carnea*-reichen Fichtenwald verjüngen sich Rotföhren und Fichten. Infolge des ungünstigen Wasserhaushaltes besitzt die Fichte einen viel schlechteren Zuwachs als die Rotföhre. (Pinetum silvestris ↗ Piceetum ↘ Pinetum ericetosum).

tige, schneereiche Lage, die vor allem durch *Rhododendron hirsutum, Lastrea (Dryopteris) obtusifolia, Valeriana tripteris, Aster Bellidiastrum, Marchantia polymorpha* bezeichnet ist, und der sehr trockene Dolomituntergrund sind für das Aufkommen des Bodenlebens sehr ungünstig.

Im floristischen Aufbau erkennen wir ohne weiteres die Beziehung zum Fichtenwald. Das lebenskräftige Wachstum der Fichte in der Baum- und Strauchschicht, aber auch Begleiter des Fichtenwaldes im Niederwuchs, wie *Melampyrum silvaticum, Goodyera repens, Rhytidiadelphus triquetrus* und *Ptilium crista-castrensis,* weisen darauf hin.

So stelle ich diesen Wald zu einer dem Fichtenwald nahestehenden kranzmoos-reichen schneeheide-reichen Ausbildung des bodenbasischen Rotföhrenwaldes der unteren Nadelwaldstufe (Ericetum carneae sec. ↗ PINETUM piceetosum ericosum carneae rhytidiadelphosum triquetri ↗ Piceetum).

Den Wald von Nr. 5 müssen wir besonders pfleglich bewirtschaften und alle waldverwüstenden Eingriffe unterlassen, weil auf diesem Steilhang nur der geschlossene hochstämmige Wald den Schneeschub abhält und den Boden eingermaßen vor Abwaschung schützt.

Weiße Waldhyazinthe *(Platanthera bifolia).*

Den Einzelbestand der Aufnahme Nr. 6 untersuchte ich wieder im Bergsturzgebiet der Schütt (am Südfuß der Villacher Alpe). Die Baumschicht ist 10 m hoch und bedeckt 0,7 den Boden.

Ich stelle diesen Wald zu einem dem Fichtenwald nahestehenden Felsenbirnen-*Erica-carnea*-reichen sekundären Rotföhrenwald, der durch Plaggenhieb-Streunutzung oberflächlich versauert und damit einige Beziehung zum Fichtenwald erlangt hat (Ericetum carneae sec. ↗ PINETUM piceetosum amelanchieretosum ovalis ericosum carneae ↗ Piceeto-Fagetum).

Die Beziehung zum Fichtenwald geht daraus hervor, daß die Fichte in der Baum- und Strauchschicht lebenskräftig aufkommt, weil der Boden durch die Streunutzung oberflächlich versauerte und durch die Rohhumusschicht schon eine hinreichende Wasserhältigkeit besitzt. Floristisch geht dies aus dem reichlichen Vorkommen mehr oder weniger anspruchsvoller Strauchmoose, aus dem Auftreten der Heidelbeere und anspruchsvoller krautiger Arten hervor. Dieser bodenbasische Rotföhrenwald unterscheidet sich von denen der Schwemmsandböden floristisch durch das Auftreten von *Amelanchier ovalis, Fraxinus Ornus, Sorbus Aria, Calamagrostis varia, Cytisus purpureus, Teucrium Chamaedrys* im Niederwuchs. Der Haushalt dieses Waldes ist gekennzeichnet durch seine sekundäre Entwicklung, durch den ursprünglich sehr trockenen Kalk-Bergsturzboden und durch die sonnige Lage in der unteren Buchenstufe.

Wirtschaftliche Folgerungen: Aus dem Gang der Vegetationsentwicklung erkennen wir, daß die Weiterentwicklung zum anspruchsvollen Wald ermöglicht wird, wenn der Wasserhaushalt zunimmt. Die vielen bodentrockenen Arten im Unterwuchs dieser Wälder lassen erkennen, daß in

Der beherrschende Unterwuchs vom Kranzmoos *(Rhytidiadelphus triquetrus)* gibt uns im Rotföhrenwalde den Hinweis, daß er schon in einen Fichtenwald übergeführt werden könnte.

diesem Stadium der Wasserhaushalt noch verhältnismäßig gering ist. Unser Hauptaugenmerk muß also darauf gerichtet sein, dem Boden den Wasserhaushalt zu erhalten und zu heben. Die Rotföhre gedeiht auf jeden Fall, wenn sie genügend Licht zur Verfügung hat. Die Fichte kann sich nur dann durchsetzen, wenn der Boden durch Streunutzung oberflächlich versauerte und einen hinreichenden Wasserhaushalt erhalten hat. Die Überführung des Rotföhrenwaldes in einen Fichtenwald darf nur allmählich durch natürliche Verjüngung erfolgen. Wir müssen uns aber darüber im klaren sein, daß der Fichtenwald nur ein durch die Plaggenstreunutzung und die damit verbundene oberflächliche Versauerung bedingtes Stadium ist und auch wirtschaftlich nichts anderes sein darf. Mit allem Nachdruck muß die Vegetationsentwicklung zum Rotbuchen-Tannen-Mischwald durch Unterlassung jedes Kahlhiebes und jeder Streunutzung gefördert werden.

Rotföhren sind im *Erica-carnea*-reichen Mannaeschenwald hochgekommen.

Wenn sich die Fichte in der Strauchschicht mehr oder weniger durchsetzt, so dürfen wir nicht glauben, daß wir ihr durch plötzliche Freistellung bessere Lebensbedingungen bieten können. Im Gegenteil, in den meisten Fällen kann sich die Fichte nur im Schutze der Rotföhrenkronen durchsetzen, weil sie hier einen großen Verdunstungsschutz genießt. Würden wir jetzt im Unterwuchs die Fichten plötzlich freistellen, so würden sie wahrscheinlich in Ermangelung eines Verdunstungsschutzes ihre Lebenskraft verlieren und zu kränkeln beginnen. Daraus müssen wir die Erkenntnis ziehen, die Freistellung der Fichtenjugend erst dann vorzunehmen, wenn im Unterwuchs Kräuter und Moose herrschend auftreten, die einen günstigeren Wasserhaushalt erkennen lassen, z. B. anspruchsvolle Kräuter und Kranzmoos. Auf jeden Fall darf diese Freistellung aber nicht plötzlich erfolgen, sondern muß ganz allmählich im Zuge des Heranwachsens vor sich gehen.

In unseren Beispielen lassen die vielen bodentrockenen Arten wie *Brachypodium pinnatum, Polygala Chamaebuxus, Epipactis atrorubens, Cynanchum Vincetoxicum, Tortella inclinata* u. a., vor allem aber die geschlossene Schneeheidedecke, den ungünstigen Wasserhaushalt erkennen.

### Bodenbasische Rotföhren-Mannaëschenwälder.

Floristischer Aufbau: Die Rotföhre beherrscht mehr oder weniger lebenskräftig die Baumschicht, begleitet von Mannaëschen und Hopfenbuchen und von anderen Bäumen und Sträuchern, die Bodentrockenheit gut ertragen können. Da und dort können auch anspruchsvollere Holzarten aufkommen; sie werden aber nur geringere Lebenskraft zeigen, solange der Boden nicht genügend wasserhältig und nährstoffreich ist. Im Niederwuchs herrschen bodentrockene Arten vor, vereinzelt können auch anspruchsvolle Laubwaldarten, Eichenwaldarten und auf oberflächlich versauerten Bodenstellen auch Fichtenwaldarten vorkommen. Typische Buchenwaldarten aber fehlen oder kommen vereinzelt auf besseren Bodenstellen vor.

Haushalt: Wie aus dem Aufbau zu erkennen ist, handelt es sich hier um eine Waldgesellschaft, die basischen, mehr oder weniger nährstoffarmen, sehr trockenen Boden besiedelt. Dabei ist es gleichgültig, ob es sich um wasserdurchlässiges Grobgeröll und Schuttmantelböden handelt, oder um skelettreiche Kalk-, Dolomitverwitterungsböden, die wenig wasserhaltende Kraft besitzen. Wir treffen diese Wälder nur in der unteren Eichen- und unteren Buchenstufe; in letzterer meist auf Südhängen.

Dieser in Beziehung zum Mannaëschenwald stehende Rotföhrenwald hat weniger wirtschaftliche, sondern vielmehr pflanzengeographische Bedeutung, weil die Mannaësche nur ein kleines Areal im Süden unserer österreichischen Heimat einnimmt.

Entwicklung: Die Vegetationsentwicklung verläuft schematisch dargestellt folgend:

Rotbuchenwald

↑

Mannaëschen-Rotföhren-Mischwald
mit Rotbuchen-Unterwuchs

↑

Rotföhren-reicher
Mannaëschenwald

↑

Schneeheide-reicher bodenbasischer
Rotföhrenwald

Dieser Gang der Entwicklung kann sowohl primär als auch sekundär nach Verwüstung des Buchenwaldes vor sich gehen. Im zweiten Falle weisen noch Buchenausschläge auf den ehemaligen Buchenwald hin. Eine direkte Beziehung zum Buchenwald ist aber nicht mehr vorhanden, weil der Boden so verwüstet wurde, daß die Buche zwar als Ausschlagholzart, nicht aber als Kernwuchs lebenskräftig aufkommen kann.

Beispiele:

| Nr. der Aufnahme | 1 | 2 | 3 | 4 | 5 | 6 | 7 |
|---|---|---|---|---|---|---|---|
| Meereshöhe in Metern | 620 | 620 | 620 | 900 | 600 | 680 | 800 |
| Himmelslage | S | | S | S | S | S | S |
| Neigung in Graden | 30° | eben | 25° | 35° | 30° | 30° | 20° |
| Baumschicht: | | | | | | | |
| *Pinus silvestris,* Bestockung | 0,9 | 0,9 | 0,9 | 0,8 | 0,6 | 0,9 | 0,9 |
| *Picea excelsa* | + | 1.1 | 1.1 | + | | + | + |
| *Fraxinus Ornus* | | + | | + | + | 1.1 | + |
| *Sorbus Aria* | | + | + | + | | | |
| *Fagus silvatica* | | | | + | | 1.1 | 1.1 |
| *Betula verrucosa* | | | | + | | | + |

| Nr. der Aufnahme | 1 | 2 | 3 | 4 | 5 | 6 | 7 |
|---|---|---|---|---|---|---|---|
| Meereshöhe in Metern | 620 | 620 | 620 | 900 | 600 | 680 | 800 |
| Himmelslage | S | | S | S | S | S | S |
| Neigung in Graden | 30° | eben | 25° | 35° | 30° | 30° | 20° |
| Strauchschicht: | | | | | | | |
| *Fraxinus Ornus* | 1.1 | 1.1 | 2.2 | + | + | 1.1 | 2.1 |
| *Sorbus Aria* | + | + | 1.1 | + | + | + | + |
| *Picea excelsa* | 1.1 | 1.1 | + | | 1.1° | +° | + |
| *Amelanchier ovalis* | 1.1 | 1.1 | + | 1.2 | | + | |
| *Berberis vulgaris* | + | + | + | | +.2 | | + |
| *Fagus silvatica* | + | | | + | +° | | 1.2 |
| *Juniperus communis* | | + | | | + | + | + |
| *Ostrya carpinifolia* | | | + | | | | +.2 |
| *Rhamnus Frangula* | + | + | | | | | |
| *Crataegus monogyna* | | + | | | | + | |
| *Lonicera Xylosteum* | | + | | + | | | |
| *Cotoneaster tomentosa* | + | | | | | | |
| *Rhamnus saxatilis* | + | | | | | | |
| *Viburnum Lantana* | | + | | | | | |
| *Salix purpurea* | | + | | | | | |
| *Salix Elaeagnos* | | + | | | | | |
| *Quercus Robur* | | + | | | | | |
| *Pinus silvestris* | | | | | + | | |
| *Cornus sanguinea* | | | | | + | | |
| *Ligustrum vulgare* | | | | | + | | |
| *Corylus Avellana* | | | | | + | | |
| *Pirus Piraster* | | | | | | | + |
| *Rosa* sp. | | | | | | | + |
| Niederwuchs: | | | | | | | |
| *Erica carnea* | 5.5 | 5.5 | 5.5 | 5.5 | 5.5 | 5.5 | +.3 |
| *Polygala Chamaebuxus* | 1.2 | 2.2 | 3.2 | 1.1 | +.2 | 1.2 | |
| *Carex alba* | +.2 | 1.1 | 2.1 | + | +.2 | 1.2 | |
| *Platanthera bifolia* | + | + | + | + | + | | + |
| *Brachypodium pinnatum* | + | | | + | 1.2 | 2.2 | 5.5 |
| *Teucrium Chamaedrys* | 1.2 | + | 1.2 | | | 1.2 | 1.2 |
| *Cynanchum Vincetoxicum* | 1.1 | + | 1.1 | | | 1.1 | 1.1 |
| *Calamagrostis varia* | + | +.2 | +.2 | | | + | 1.2 |
| *Epipactis atrorubens* | + | + | + | | + | + | |
| *Galium verum* | + | + | + | + | | | + |
| *Hieracium silvaticum* | + | + | | + | + | + | |
| *Euphorbia Cyparissias* | + | + | + | | + | | + |
| *Goodyera repens* | | | + | + | | + | + |
| *Buphthalmum salicifolium* | + | + | + | | | | + |
| *Galium purpureum* | 1.1 | + | 1.1 | | | | |
| *Cephalanthera rubra* | | | + | | | + | 1.1 |
| *Cyclamen europaeum* | + | + | | + | | | |

| Nr. der Aufnahme | 1 | 2 | 3 | 4 | 5 | 6 | 7 |
|---|---|---|---|---|---|---|---|
| Meereshöhe in Metern | 620 | 620 | 620 | 900 | 600 | 680 | 800 |
| Himmelslage | S | | S | S | S | S | S |
| Neigung in Graden | 30° | eben | 25° | 35° | 30° | 30° | 20° |
| *Salvia glutinosa* | + | | + | | | | + |
| *Daphne Cneorum* | 2.1 | | + | | | | |
| *Cytisus hirsutus* | + | | | | 1.2 | | |
| *Teucrium montanum* | +.2 | | + | | | | |
| *Anthericum ramosum* | | | + | | | | +.2 |
| *Cytisus purpureus* | | + | + | | | | |
| *Cotoneaster tomentosa* | + | | + | | | | |
| *Campanula cochleariifolia* | | | | | | + | + |
| *Anemone trifolia* | + | | + | | | | |
| *Campanula persicifolia* | + | | | | | | + |
| *Polygonatum officinale* | + | | + | | | | |
| *Origanum vulgare* | | + | | + | | | |
| *Stachys recta* | + | | + | | | | |
| *Geranium sanguineum* | | | | | | + | + |
| *Galium Mollugo* ssp. *erectum* | | | | | | 1.2 | |
| *Carex digitata* | | | | +.2 | | | |
| *Ostrya carpinifolia* | | | | | | + | |
| *Coronilla vaginalis* | | + | | | | | |
| *Picea excelsa* | | | + | | | | |
| *Campanula caespitosa* | + | | | | | | |
| *Lathyrus pratensis* | + | | | | | | |
| *Sesleria varia* | + | | | | | | |
| *Quercus Robur* | + | | | | | | |
| *Lastrea (Dryopteris) obtusifolia* | + | | | | | | |
| *Cytisus nigricans* | + | | | | | | |
| *Solidago Virgaurea* | + | | | | | | |
| *Peucedanum Oreoselinum* | | + | | | | | |
| *Erigeron acer* | | + | | | | | |
| *Populus tremula* | | + | | | | | |
| *Convallaria majalis* | | | + | | | | |
| *Clematis recta* | | | + | | | | |
| *Sorbus Aria* | | | + | | | | |
| *Berberis vulgaris* | | | + | | | | |
| *Pteridium aquilinum* | | | | + | | | |
| *Lotus corniculatus* | | | | | | + | |
| *Quercus petraea* | | | | | | + | |
| *Trifolium rubens* | | | | | | + | |
| *Pirola secunda* | | | | | | + | |
| *Calamintha Clinopodium* | | | | | | | + |
| *Leontodon incanus* | | | | | | | + |
| *Gymnadenia odoratissima* | | | | | | | + |
| *Calamintha alpina* | | | | | | | + |
| *Hieracium staticifolium* | | | | | | | + |
| *Melica ciliata* | | | | | | | + |

| Nr. der Aufnahme | 1 | 2 | 3 | 4 | 5 | 6 | 7 |
|---|---|---|---|---|---|---|---|
| Meereshöhe in Metern | 620 | 620 | 620 | 900 | 600 | 680 | 800 |
| Himmelslage | S | | S | S | S | S | S |
| Neigung in Graden | 30° | eben | 25° | 35° | 30° | 30° | 20° |
| *Pimpinella major* | | | | | | | + |
| *Carlina acaulis* | | | | | | | + |
| *Carlina vulgaris* | | | | | | | + |
| *Orobanche Teucrii* | | | | | | | + |
| *Lathraea Squamaria* | | | | | | | + |
| *Silene Cucubalus* | | | | | | | + |
| Moosschicht: | | | | | | | |
| *Scleropodium purum* | +.3 | | 2.3 | 3.4 | | | |
| *Pleurozium Schreberi* | +.3 | | 2.2 | 1.3 | | | |
| *Dicranum scoparium* | +.3 | 1.3 | +.3 | | | | |
| *Ctenidium molluscum* | | +.3 | | | | | |
| *Cladonia* sp. | | +.2 | | | | | |
| *Rhytidiadelphus triquetrus* | + | | | | | | |
| *Rhytidiadelphus loreus* | | | + | | | | |

Die Aufnahmen entstammen folgenden Örtlichkeiten:

1. Schuttmantelhang, 3 km westlich Föderaun am Südfuß der Villacher Alpe;
2. auf ebenem, welligem Bergsturzgelände, 3.5 km westlich Föderaun, 0,7 bestockt, 200 Jahre alt;
3. auf Grobschutt westlich von Aufnahme Nr. 2, 0,8 bestockt, über 200 Jahre alt;
4. auf Grobgeröll-Schuttmantel (3—8 cm) ober Thonetmühle unterhalb der Roten Wand am Südfuß der Villacher Alpe;
5. auf Dolomitverwitterungshang ober Teufelsgraben unterhalb der Bleiberger Straße;
6. auf skelettreichem Urkalkboden ober dem Straßeneinschnitt in Puch;
7. wie Aufnahme Nr. 6.

Auf Grund des floristischen Aufbaues, nämlich des starken Hervortretens der Schneeheide und der bodentrockenen Arten sowie des Fehlens anspruchsvollerer Arten, stelle ich die Aufnahmen 1—6 zu dem *Erica-carnea*-reichen Rotföhrenwald, welcher Beziehung zum Mannaëschenwald besitzt und sich in die Richtung zum Rotbuchen-Fichtenwald entwickelt (Ericetum carneae ↗ PINETUM silvestris fraxinetosum Orni ericosum carneae ↗ Piceeto-Fagetum).

Den Rotföhrenwald der Aufnahme Nr. 7 stelle ich zum sekundären Rotföhrenwald, der sich ehemals über einen *Erica-carnea*-reichen Rotföhrenwald zum Rotbuchen-Mischwald heraufentwickelt hat und durch Niederwaldbetrieb, Streunutzung und Mahd zu unserem Wald herabgewirtschaftet wurde (Fagetum regerminatum ↘ PINETUM silvestris fraxinetosum Orni brachypodiosum pinnati).

Hier weisen die stärkeren Buchenausschläge in der Baum- und Strauchschicht und das Zurücktreten der Schneeheide auf das weitere Stadium der Vegetationsentwicklung hin. Das Hervortreten der Fiederzwenke kommt daher, daß der Unterwuchs dieses Waldes lange Zeit gemäht wurde.

Die Beziehung zum Mannaëschenwald geht daraus hervor, daß die Mannaesche in der Baum- und Strauchschicht, begleitet von der Hopfenbuche und vielen bodenbasischen bodentrockenen Arten auftritt.

Sekundärer *Erica-carnea*-reicher Rotföhrenwald auf altem Bergsturzboden der Schütt.

Der Buche ist es möglich, mit geringer Lebenskraft als Ausschlag aufzukommen. Wir können aber noch nicht von einer Beziehung des bodenbasischen Rotföhrenwaldes zum Buchenwald sprechen, weil sie als Kernwuchs nicht aufkommt und auch nicht von Arten begleitet ist, die für den Buchenwald bezeichnend sind.

Die Fichte vermag in diesem Walde da und dort im oberflächlich versauerten Rohhumus aufzukommen. Von einer Beziehung zum Fichtenwald kann aber nicht gesprochen werden.

W i r t s c h a f t l i c h e F o l g e r u n g e n: Alle den Wasserhaushalt herabsetzenden Eingriffe, wie Kahlschläge in kurzer Umtriebszeit, Streunutzung, Mahd, Brand, müssen unterbleiben. Die Rotföhrenbaumschicht müssen wir möglichst lang erhalten und ihr zur Hebung des Wasserhaushaltes einen reichlichen Zwischenbestand von belaubten Sträuchern belassen bzw. beigeben. Es kommen vor allem Sträucher in Frage, die Bodentrockenheit mehr oder weniger gut ertragen können. Der derzeitige Haushalt gibt uns nicht die Möglichkeit, an Stelle des Rotföhrenwaldes die Fichte oder anspruchsvollere Laubhölzer aufzubringen. Dies lassen die vorherrschenden bodentrockenen, bodenbasischen Arten im Unterwuchs erkennen.

### B o d e n b a s i s c h e r R o t f ö h r e n - T r a u b e n e i c h e n w a l d.

F l o r i s t i s c h e r A u f b a u: Die Rotföhre beherrscht lebenskräftig wachsend die Baumschicht, begleitet von Traubeneichen und Fichten. In der Strauchschicht treten bodentrockene Arten in den Vordergrund. Im Niederwuchs herrschen die bodentrockenen basischen Arten vor, bei oberflächlicher Bodenversauerung hier und da begleitet von bodensauren Arten.

*Haushalt:* Diese Rotföhrenwälder wachsen im warmen Klimagebiet der unteren Eichen- und unteren Buchenstufe. In der letzteren meist nur auf sonnig gelegenen Hängen. Der Boden ist weniger wasserdurchlässig, besitzt einen gewissen Anteil von feinen schlämmbaren Teilen, ist also nicht mehr so skelettreich. Trotzdem ist auch in diesem Wald der schlechte Wasserhaushalt der Minimumfaktor.

*Entwicklung:* Die Vegetationsentwicklung verläuft hier schematisch dargestellt folgend:

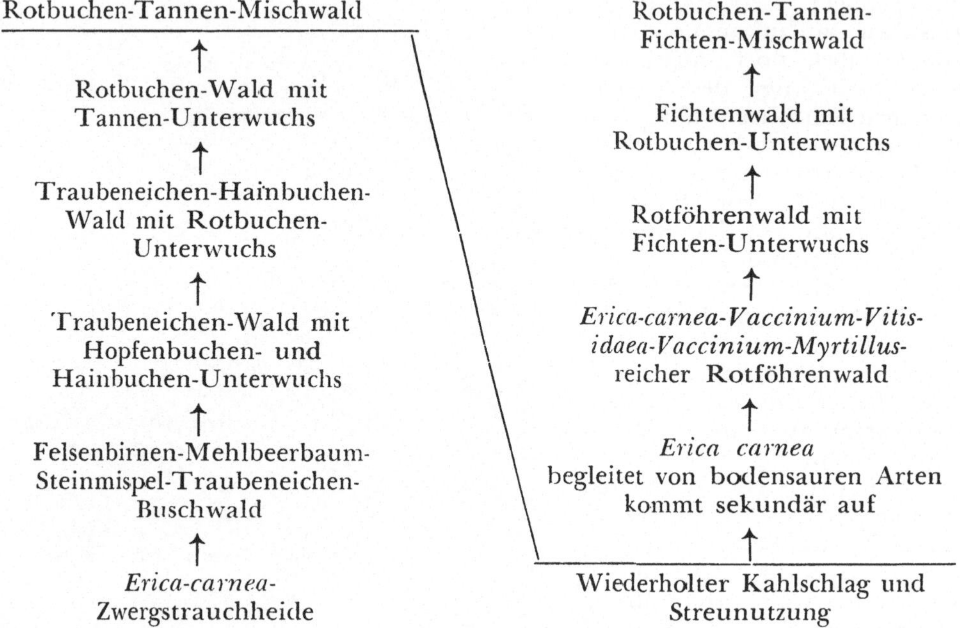


Die Entwicklung verläuft aber meist nicht so, weil die rohhumusschaffende Streunutzung, die Begünstigung des Rotföhrenwaldes, diesen natürlichen Gang der Vegetationsentwicklung aufhält, den Boden oberflächlich versauert und das Aufkommen der Fichte begünstigt, damit aber das Aufkommen der lichtbedürftigen Traubeneiche mit ihren Begleitern unterbindet.

*Beispiel:* Einen bodenbasischen Rotföhren-Traubeneichenwald untersuchte ich auf einem 5° Ost geneigten Bergsturzboden in der Schütt (Südfuß der Villacher Alpe). Die Baumschicht bestockte 0,7 den Boden und war 6—8 m hoch.

*Baumschicht:*

| | | | |
|---|---|---|---|
| *Pinus silvestris,* Bestockung | 0,9 | *Picea excelsa* | 0,1 |
| *Quercus petraea* | 1.1 | | |

*Strauchschicht:*

| | | | |
|---|---|---|---|
| *Amelanchier ovalis* | 3.2 | *Quercus petraea* | 1.1 |
| *Sorbus Aria* | 1.2 | *Picea excelsa* | 1.1 |

N i e d e r w u c h s :

| | | | |
|---|---|---|---|
| *Erica carnea* | 5.5 | *Cyclamen europaeum* | + |
| *Vaccinium Vitis-idaea* | 3.2 | *Anthericum ramosum* | + |
| *Polygala Chamaebuxus* | 2.2 | *Galium purpureum* | + |
| *Carex alba* | 1.2 | *Plathanthera bifolia* | + |
| *Vaccinium Myrtillus* | 1.2 | *Cotoneaster integerrima* | + |
| *Melampyrum pratense* | 1.1 | *Pirola rotundifolia* | + |
| *Amelanchier ovalis* | 1.1 | *Cytisus purpureus* | + |
| *Anemone trifolia* | 1.1 | *Melica nutans* | + |
| *Quercus petraea* | + | *Euphorbia Cyparissias* | + |
| *Epipactis atrorubens* | + | | |

M o o s s c h i c h t :

| | | | |
|---|---|---|---|
| *Pleurozium Schreberi* | 5.5 | *Hylocomium splendens* | 1.2 |
| *Dicranum undulatum* | 2.3 | | |

Ich stelle diesen zum Traubeneichenwald in Beziehung stehenden Rotföhrenwald zum *Erica-carnea*-Preißelbeer-reichen Rotföhrenwald, der über die *Erica-carnea*-Zwergstrauchheide aufgekommen ist, sich weiter zum Fichten-Rotbuchen-Mischwald entwickelte, aber durch Plaggenhieb, Streunutzung und Niederwald herabgewirtschaftet wurde (Piceeto-Fagetum ↘ PINETUM silvestris quercetosum petraeae ericosum carneae vacciniosum Vitis-idaeae, Myrtilli.

Die Beziehung zum Traubeneichenwald geht daraus hervor, daß im Boden dieses Rotföhrenwaldes viele alte Stöcke der Traubeneiche wurzeln, aber auch aus dem Auftreten der Traubeneiche in der Baum-, Strauch- und Krautschicht mit den Begleitern des bodenbasischen und bodensauren Eichenwaldes *(Amelanchier ovalis, Anthericum ramosum, Galium purpureum, Cotoneaster integerrima, Cytisus purpureus, Dicranum undulatum).*

Die Bodenversauerung und damit das Auftreten bodensaurer Arten *(Picea excelsa, Vaccinium Vitis-idaea, Vaccinium Myrtillus)* kommt von der Streunutzung und der sauren Nadelstreu von Föhre und Schneeheide.

W i r t s c h a f t l i c h e F o l g e r u n g e n : Wenn auch dieser Rotföhrenwald Beziehungen zum Traubeneichenwald aufweist, so werden wir doch nicht versuchen, an Stelle des Rotföhrenwaldes einen Traubeneichenwald heranzuziehen, weil hier der Rotföhrenwald bessere Erträge bringt. Wir müssen aber bestrebt sein, den Wasserhaushalt durch Belassung einer reichlichen Strauchschicht und Unterlassung jeder Streunutzung zu heben.

Wir könnten hier den Rotföhrenwald auch durch Unterbau von Schwarzföhren in einen Schwarzföhrenwald überführen. Wenn auch Rotföhre und Schwarzföhre Bodentrockenheit gut ertragen können, so werden sie doch besseres Wachstum zeigen, wenn durch pflegliche Wirtschaft der Wasserhaushalt verbessert wird.

Die anspruchsvolleren Holzarten wie Buche und Tanne werden erst dann lebenskräftig aufkommen können, wenn der Boden durch Aufbau einer reichlichen milden Humusschicht einen guten Wasser- und Nährstoffhaushalt erhalten hat.

Während die Traubeneiche die wenig wasserhältigen Kalkskelettböden meidet, vermag sie auf solchen Kalkböden aufzukommen, die reich an Verschmutzungsteilen sind und daher bei Verwitterung wasserhältigere Böden liefern.

## Bodenbasischer Rotföhrenwald als Verwüstungsstadium des Buchenwaldes.

Floristischer Aufbau: Die Rotföhre beherrscht lebenskräftig wachsend die Baumschicht, in Baum- und Strauchschicht von verschiedenen Holzarten begleitet, die schon größere Ansprüche stellen. Die Rotbuche kommt als Ausschlagholzart lebenskräftig auf. Im Unterwuchs herrschen bodenbasische Arten vor, an oberflächlich versauerten Bodenstellen begleitet von bodensauren Arten. Daneben kommen auch bodentrockene Arten in größerer Zahl vor. Die für den Buchenwald bezeichnenden Arten können an Örtlichkeiten mit besserem Wasser- und Nährstoffhaushalt lebenskräftig aufkommen.

*Erica-carnea*-reicher Rotföhrenwald.

Haushalt: Diese Wälder sind gekennzeichnet durch mehr oder weniger trockenen Boden mit geringem Nährstoffhaushalt. Wir finden sie nur in den Buchenstufen. Sie stellen meist Verwüstungsstadien von Buchen-Tannen-Fichten-Mischwäldern dar, können aber im Bergsturzgelände oder auf anderen jungen Böden auch in der Aufwärtsentwicklung zum Buchenwald begriffen sein.

Beispiel:

Meereshöhe 620 m, Himmelslage N, Neigung in Graden 5°.

Baumschicht:

| | | | |
|---|---|---|---|
| *Pinus silvestris* | 5.5 | *Picea excelsa* | + |

Strauchschicht:

| | | | |
|---|---|---|---|
| *Fagus silvatica* | 1.2 | *Rhamnus Frangula* | + |
| *Picea excelsa* | + | *Berberis vulgaris* | + |

N i e d e r w u c h s :

| | | | |
|---|---|---|---|
| *Brachypodium pinnatum* | 4.3 | *Linum catharticum* | + |
| *Erica carnea* | 2.3 | *Leontodon hispidus* | + |
| *Polygala Chamaebuxus* | 2.2 | *Asperula cynanchica* | + |
| *Cyclamen europaeum* | 2.1 | *Galium verum* | + |
| *Anemone trifolia* | 2.1 | *Veronica officinalis* | + |
| *Euphorbia Cyparissias* | 2.1 | *Genista germanica* | + |
| *Prunella grandiflora* | 1.2 | *Fagus silvatica* | + |
| *Thymus „Serpyllum"* | 1.2 | *Galium silvaticum* | + |
| *Teucrium Chamaedrys* | 1.2 | *Viola mirabilis* | + |
| *Melampyrum pratense* | 1.2 | *Listera ovata* | + |
| *Melica nutans* | 1.2 | *Galium vernum* | + |
| *Pimpinella saxifraga* | 1.1 | *Knautia drymeia* | + |
| *Cytisus hirsutus* | 1.1 | *Euphorbia dulcis* | + |
| *Potentilla erecta* | 1.1 | *Helleborus niger* | + |
| *Aquilegia vulgaris* | 1.1 | *Carex flacca* | + |
| *Euphorbia amygdaloides* | 1.1 | *Buphthalmum salicifolium* | + |
| *Pteridium aquilinum* | 1.1 | *Lotus corniculatus* | + |
| *Carlina acaulis* | 1.1 | *Dactylis glomerata* | + |
| *Genista sagittalis* | +.2 | *Plantago media* | + |

Die Nestwurz *(Neottia Nidus-avis)* im sekundären Rotföhrenwald läßt vermuten, daß dieser Rotföhrenwald ein Verwüstungsstadium des Rotbuchenwaldes ist. (Fagetum ↘ PINETUM silvestris sec.).

Moosschicht:

| | | | |
|---|---|---|---|
| *Pleurozium Schreberi* | 3.4 | *Rhytidiadelphus triquetrus* | 1.2 |
| *Scleropodium purum* | 2.4 | *Hylocomium splendens* | +.2 |

Diesen Einzelbestand untersuchte ich auf einem schwach geneigten alten Kalk-Schuttkegel bei Woroutz am Nordfuß des Mittagskogels in den Karawanken.

Dieser Wald stellt ein Verwüstungsstadium des Buchenwaldes dar. Der Buchenwald wurde niedergeschlagen und seine obere Humusschicht durch Streunutzung entnommen. Wir erkennen auch, daß trotz des Niederschlagens der Buchenbaumschicht und der Streunutzung immer wieder aus den alten Buchenstöcken junge, in die Strauchschicht wachsende Sprosse hervorkommen. Wir sehen aber auch dort, wo der Boden weniger intensiv streugenutzt wurde, wo sich noch einigermaßen Humus halten konnte, die anspruchsvolleren Kräuter des Buchenwaldes aufkommen.

Reichliches Vorkommen des überaus genügsamen Graumooses *(Leucobryum glaucum)* läßt vermuten, daß hier durch Streunutzung der Boden ausgehagert wurde.

Dort aber, wo infolge der Streunutzung die Rohhumusbildung schon sehr weit fortgeschritten ist, können auch die bodensauren Arten Lebensmöglichkeiten finden.

Der Kalkschuttboden ist sehr wasserdurchlässig, weil die Streunutzung die wasserhaltende Schicht entnommen hat. An diesen trockenen Stellen finden sich die bodentrockenen Arten ein. Die Fichte kann dort lebenskräftig aufkommen, wo die oberflächlich versauerten Bodenmosaike wasserhältiger sind, was aus dem Auftreten der Moose zu erkennen ist.

Ich stelle diesen Wald zum sekundären fiederzwenken-reichen Rotföhrenwald. Er hat sich über eine *Erica-carnea*-Zwergstrauchheide heraufentwickelt, weiter zum Rotbuchen-Mischwald und wurde von diesem durch wiederholten Kahlschlag, Streunutzung, Mahd und Waldweide zum sekundären Rotföhrenwald herabgewirtschaftet (Piceeto-Fagetum ↘ PINETUM silvestris brachypodiosum pinnati).

Die Fiederzwenke verdankt ihr herrschendes Hervortreten im Niederwuchs der alljährlich erfolgenden Mahd.

Wirtschaftliche Folgerungen: Die meisten Wälder stellen Verwüstungsstadien des Buchenwaldes dar, wie nachfolgender Ausschnitt der Vegetationsentwicklung schematisch darstellt.

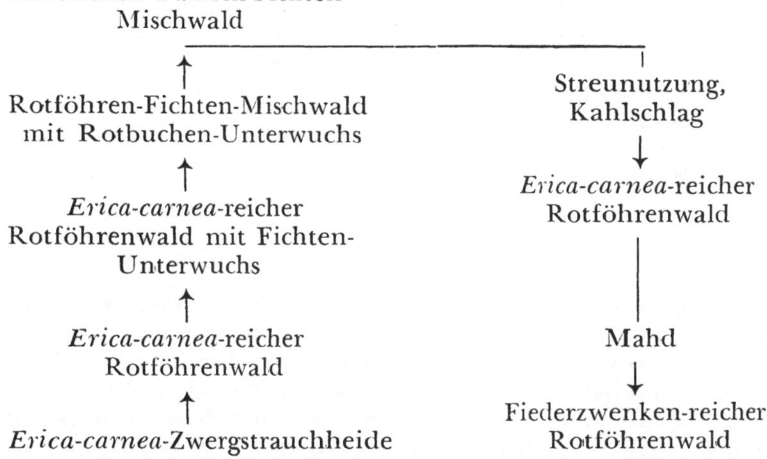


Dort, wo diese Wälder noch einen einigermaßen günstigen Wasserhaushalt besitzen, können wir nach Aufhören der Streunutzung ohne weiteres einen Buchen-Tannen-Fichten-Wirtschaftswald anstreben und erreichen. Der Aufbau hat so zu erfolgen, daß die durch anspruchsvollere Arten gekennzeichneten Mosaike als Keim- und Wuchsbett für Buche und Tanne dienen, während die Fichte dort aufgebracht werden kann, wo die anspruchsvolleren Moose den hinreichenden Wasserhaushalt im Oberboden erkennen lassen. Wir können dann dem Nadelholz umsomehr Platz einräumen, je mehr die anspruchsvolleren Laubwaldarten sich durchgesetzt haben und damit andeuten, daß die gesamten Haushaltsverhältnisse besser geworden sind.

### Bodenbasische Rotföhrenwälder der Überschwemmungsgebiete.

Bodenbasischer Rotföhrenwald im Sanddornbuschwald aufgekommen.

Floristischer Aufbau: Die Rotföhre herrscht in der Baumschicht, während in der Strauchschicht an lichten Stellen der Sanddornbusch, begleitet von anderen die Trockenheit ertragenden Sträuchern, in den Vordergrund tritt. Den Niederwuchs beherrschen bodentrockene Arten, vor allem Begleiter des Sanddornbusches und der Trockenrasengesellschaft.

H a u s h a l t : Diese Rotföhrenwälder siedeln vor allem im Alluvialgebiet der Bäche und Flüsse, wo der Boden infolge seiner grobkiesigen Unterlage sehr wasserdurchlässig ist und das Grundwasser kapillar nicht aufsteigen kann. Wir finden sie im Verbreitungsgebiet von Rotföhre und Sanddorn in allen Höhenstufen.

E n t w i c k l u n g : Die Vegetationsentwicklung verläuft, z. B. zum Rotföhrenwald, schematisch dargestellt folgend:

Rotföhrenwald

↑

Rotföhre kommt sekundär auf

↑

Stieleichenwald

---

↑ Kahlschlag, Weide

Sanddorn-Stieleichen-Buschwald

↑

Sanddornbuschwald

↑

Trockenrasengesellschaft

Kahlschlag und Niederwaldbetrieb begünstigen den Sanddornbusch, ja sogar den Trockenrasen, d. h., es kann der Rotföhrenwald durch waldverwüstende Eingriffe zum Sanddornbusch, ja bis zum Trockenrasen degradiert werden. Niederwaldbetrieb begünstigt jedenfalls den Sanddornbusch.

Einen bodenbasischen Rotföhrenwald-Sanddornbusch untersuchte ich auf alten Draukiesrücken in ebener Lage bei Dölsach a. d. Drau (2—5 cm Feinerde über Grobkies) in 660 m Seehöhe.

F l o r i s t i s c h e r A u f b a u :

B a u m s c h i c h t :

*Pinus silvestris* Bestockung 0,7

S t r a u c h s c h i c h t :

| | | | |
|---|---|---|---|
| *Juniperus communis* | 2.2 | *Lonicera Xylosteum* | + |
| *Hippophaë Rhamnoides* | 2.1 | *Rhamnus cathartica* | + |
| *Berberis vulgaris* | 1.2 | *Quercus Robur* | + |

N i e d e r w u c h s :

| | | | |
|---|---|---|---|
| *Potentilla pusilla*[1]) | 2.2 | *Centaurea rhenana* | 1.1 |
| *Festuca sulcata* | 2.2° | *Hieracium piloselloides*[2]) | 1.1 |
| *Artemisia campestris* | 1.2 | *Calamintha alpina* | 1.1 |
| *Helianthemum ovatum* | 1.2 | *Seseli austriacum* | 1.1 |
| *Tunica saxifraga* | 1.1 | *Pimpinella saxifraga* | 1.1 |

---

1) *Potentilla pusilla* Host. = *P. puberula* Krašan = *P. Gaudini* Gremli.

2) = *H. florentinum.*

| | | | |
|---|---|---|---|
| *Brachypodium pinnatum* | 1.1 | *Carlina vulgaris* | + |
| *Agrostis stolonifera* | 1.1 | *Gypsophila repens* | + |
| *Euphorbia Cyparissias* | 1.1 | *Thesium linophyllon* | + |
| *Koeleria gracilis* | + | *Selaginella helvetica* | + |
| *Erigeron acer* | + | *Melica nutans* | + |
| *Euphrasia tricuspidata* | + | *Biscutella laevigata* | + |
| *Sedum sexangulare* | + | *Hypericum perforatum* | + |
| *Carex caryophyllea* | + | *Trifolium montanum* | + |
| *Medicago falcata* | + | *Thesium alpinum* | + |
| *Cynanchum Vincetoxicum* | + | *Calamagrostis epigeios* | + |
| *Bromus erectus* | + | *Astragalus Cicer* | + |

Ich stelle diesen Wald zum trockenrasen-reichen Rotföhrenwald, der sich nach Abhieb des im Sanddornbusch aufgekommenen Stieleichenwaldes sekundär eingestellt hat (Festucetum sulcatae ↗ Quercetum Roboris ↘ PINETUM silvestris inundatum hippophaëtosum Rhamnoidis).

Der Rotföhrenwald wird sehr beweidet. Wacholder und Sauerdorn können sich halten, weil sie infolge ihrer Nadeln und Dornen nicht gefressen werden.

Der floristische Aufbau ist aus dem Gange der Vegetationsentwicklung zu verstehen. Die vielen Arten des Trockenrasens und des Sanddornbusches sind die Überbleibsel der vorangegangenen Entwicklungsstadien.

Die vielen Begleiter des Trockenrasens und Sanddornbuschwaldes würden zurücktreten, wenn Streunutzung, Kahlschlag und Weidenutzung aufhören und der Wald in dichteren Schluß treten und den Boden mehr beschatten würde.

Wirtschaftliche Folgerungen: Unsere ganze Sorgfalt muß darauf gerichtet sein, den Wasserhaushalt des Bodens zu heben. Kahlschlag muß auf jeden Fall vermieden werden. Streunutzung darf auf keinen Fall erfolgen. Eine mehr oder weniger geschlossene Strauchschicht als Bodenschutzholz und zum Aufbau einer wasserhältigen nährstoffreichen Humusschicht muß belassen werden. Die Beweidung muß ausgeschaltet werden.

### Rotföhren-Grauerlen-Mischwald.

Floristischer Aufbau: Es erscheint eigenartig, daß hier zwei Holzarten miteinander in Beziehung stehen, die doch so ganz verschiedene Haushaltsansprüche besitzen; einerseits die Rotföhre, die trockenen Boden erträgt und andererseits die Grauerle, die viel feuchtere Standorte beansprucht. Auch im floristischen Aufbau des Unterwuchses finden wir diese Gegensätze vertreten; da und dort bodentrockene Arten, daneben aber auch bodenfeuchte Arten, ja auch anspruchsvollere Laubwaldarten und bodensaure Arten, je nach dem Stand, der Vegetationsentwicklung.

Haushalt: Diese Rotföhrenwälder treffen wir in den Laubwaldstufen im Auenwaldgelände, auf sandigen Böden im Oberlauf der Flüsse und Bäche an. Sie werden noch ab und zu vom Hochwasser überschwemmt und besitzen wegen der groben Zerteilung des Bodens eine geringe Wasserhältigkeit. Wie ist es aber möglich, daß die Grauerle auf dem oberflächlich mehr oder weniger trockenen, grobzerteilten Boden aufgekommen ist? Sie kann aus den umgebenden Auenwäldern mit ihren Samen leicht herankommen, keimt und wurzelt dann, wenn der Grundwasserstand verhältnismäßig hoch ist. Meist handelt es sich hier auch um einen Ausschlagwald, in dem die Grauerlen zu einem

Zeitpunkt aufgekommen sind, wo das Grundwasser noch höher anstand. Diese Rotföhrenwälder werden in sehr vielen Fällen zur Streugewinnung genutzt und verlieren dadurch ihren durch Bestandesabfall oberflächlich besser gewordenen Wasser- und Nährstoffhaushalt.

Entwicklung: Die Vegetationsentwicklung verläuft z. B. im Verbreitungsgebiet der Fichte folgendermaßen:

Fichtenwald
↑
Rotföhren-Fichten-Mischwald
↑
Rotföhren-Grauerlenwald
mit Fichten-Unterwuchs
↑
Rotföhren kommen auf
↑

Niederwaldbetrieb
Bodentrockener Grauerlen-Auenwald
↑
Bodentrockener
Ufer-Weiden-Wald
(Salicetum Elaeagni)

Einen bodenbasischen Rotföhren-Grauerlenwald untersuchte ich in den Gailauen bei Villach in 495 m Seehöhe.

Baumschicht: (0,7)

| | | | |
|---|---|---|---|
| *Pinus silvestris* | 5.5 | *Salix Elaeagnos* | + |
| *Alnus incana* | 1.1 | | |

Strauchschicht:

| | | | |
|---|---|---|---|
| *Berberis vulgaris* | 1.1 | *Fagus silvatica* | + |
| *Cornus sanguinea* | 1.1 | *Ligustrum vulgare* | + |
| *Alnus incana* | +.2 | *Lonicera Xylosteum* | + |
| *Viburnum Opulus* | + | *Rhamnus cathartica* | + |
| *Salix Elaeagnos* | + | *Sorbus aucuparia* | + |
| *Viburnum Lantana* | + | *Juniperus communis* | + |
| *Quercus Robur* | + | *Picea excelsa* | + |

Niederwuchs:

| | | | |
|---|---|---|---|
| *Euphorbia amygdaloides* | 1.2 | *Daphne Mezereum* | +.2 |
| *Viola silvestris* | 1.1 | *Solidago Virgaurea* | + |
| *Pirola rotundifolia* | 1.1 | *Pirola chlorantha* | + |

| | | | |
|---|---|---|---|
| *Pirola secunda* | + | *Molinia coerulea* | + |
| *Ajuga reptans* | + | *Melica nutans* | + |
| *Rubus caesius* | + | *Majanthemum bifolium* | + |
| *Brachypodium silvaticum* | + | *Fragaria vesca* | + |
| *Aegopodium Podagraria* | + | *Astragalus glycyphyllos* | + |

Moose:

| | | | |
|---|---|---|---|
| *Rhytidiadelphus triquetrus* | 5.5 | *Hylocomium splendens* | 1.2 |
| *Pleurozium Schreberi* | 1.5 | | |

Auf den kalkreichen, kiesigen Alluvionen der Gail östlich von Villach, siedelt sich die Rotföhre natürlich an, weil das Grundwasser kapillar nicht aufsteigen kann.

Ich stelle diesen Wald zur kranzmoos-reichen Grauerlen-Ausbildung des Rotföhrenwaldes, welcher sich früher oder später zum Fichtenwald weiter entwickeln wird. (Salicetum Elaeagni ↗ PINETUM silvestris inundatum calcicolum alnetosum incanae rhytidiadelphosum triquetri ↗ Piceetum).

Die Beziehung zum Grauerlenwald geht daraus hervor, daß der Rotföhrenwald im oberflächlich bodentrockenen Grauerlenwald hochgekommen ist. Die Grauerle ist noch in der Baum- und Strauchschicht vertreten, begleitet von Arten, die für den Grauerlenwald bezeichnend sind.

Dieser Wald wurde schon lange nicht streugerecht, besitzt daher eine reichliche Streuschicht und konnte daher einen milden Humus aufbauen und damit auch anspruchsvollen Arten, wie Seidelbast, Mandelblättriger Wolfsmilch, Waldveilchen, Nickendem Perlgras, zu kräftigem Gedeihen Lebensbedingungen bieten. Auch das reichliche Auftreten von Kranzmoos zeigt, daß der Oberboden durch Auflagerung des Bestandesabfalls wasserhältig geworden ist.

Wird der Wald aber streugerecht, so verliert der Boden seinen Wasser- und Nährstoffhaushalt und es breiten sich Arten aus, die diese kargen Bodenverhältnisse ertragen können. So wurde mitten aus dem oben beschriebenen Wald auf einer 50-m²-Fläche die Streu völlig genützt; nun breiteten sich sekundär bodentrockene Arten in folgender Verteilung aus:

Moosschicht:

| | | | |
|---|---|---|---|
| *Tortella inclinata* | 5.5 | *Rhacomitrium canescens* | 1.3 |

Niederwuchs:

| | | | |
|---|---|---|---|
| *Thymus „Serpyllum“* | 1.2 | *Hippocrepis comosa* | 1.2 |
| *Carex ornithopoda* | 1.1 | *Euphorbia Cyparissias* | 1.1 |
| *Epipactis atrorubens* | + | *Anthyllis Vulneraria* | + |
| *Biscutella laevigata* | + | *Hieracium piloselloides* | + |
| *Gentiana ciliata* | + | *Carlina acaulis* | + |
| *Sesleria varia* | + | *Carex alba* | + |
| *Erica carnea* | +.3 | *Linum catharticum* | + |
| *Tunica saxifraga* | + | | |

An Sträuchern kommen auf:

| | | | |
|---|---|---|---|
| *Pinus silvestris* | 1.1 | *Viburnum Lantana* | 1.1 |
| *Sorbus aucuparia* | + | *Betula verrucosa* | + |
| *Quercus Robur* | + | *Ligustrum vulgare* | + |
| *Lonicera Xylosteum* | + | | |

Aus vergleichenden Untersuchungen läßt sich feststellen, daß die Sträucher im Zuge der Vegetationsentwicklung nach Aufhören der Streuentnahme immer höher werden, den Boden beschatten und in zunehmendem Maße anspruchsvolleren Arten das Aufkommen ermöglichen.

Unter den Moosen kommen zuerst *Tortella inclinata* und *Rhacomitrium canescens* auf, wenn der Wasserhaushalt sehr gering ist. Diesem Moosanfangsstadium folgen *Hylocomium splendens* und *Scleropodium purum*, schließlich mit zunehmender Bodengüte *Pleurozium Schreberi* und dann, wenn der Boden einen hinreichenden Wasserhaushalt erhalten hat, folgt *Rhytidiadelphus triquetrus*.

In diesem Stadium kann schon die Fichte, die Beschattung besser ertragen kann, aufkommen, setzt sich durch und beschattet die lichtbedürftigeren Sträucher und Kräuter. Schließlich kommt sie hoch und verdrängt die im Niederwuchs aufkommenden Föhren, welche Beschattung nicht ertragen können, und ermöglicht anspruchsvollen Arten das Aufkommen, so *Euphorbia amygdaloides, Angelica silvestris, Aegopodium Podagraria, Ajuga reptans, Viola silvestris, Brachypodium silvaticum, Rubus caesius, Daphne Mezereum, Centaurea vochinensis, Majanthemum bifolium, Veronica latifolia, Campanula Trachelium, Primula acaulis, Prunus Padus, Salvia glutinosa, Hieracium silvaticum.*

Die Vegetationsentwicklung läßt sich hier, wo plätzeweise immer wieder streugenutzt wird, sehr gut verfolgen. Die Örtlichkeiten, die schon am längsten nicht streugenutzt wurden, tragen die anspruchsvollste Vegetation, während jene, die erst jüngst streugenutzt wurden, die anspruchsloseste Vegetation haben.

Wirtschaftliche Folgerungen: Wir haben erfahren, daß der Wasser- und Nährstoffhaushalt dieses Bodens von Haus aus sehr gering ist, daß er aber im Zuge der Bodenbildung und Vegetationsentwicklung günstiger wird. Er kann aber wieder sehr ungünstig werden, wenn dem Boden die Streu entnommen wird.

Wir müssen daher jede Streunutzung einstellen und einen dichten, den Boden aufschließenden Strauchwuchs unterstützen.

Solange der Boden noch wenig wasserhaltende Kraft besitzt, kann nur der Rotföhrenwald etwas leisten; die Verbesserung kann eingeleitet werden, wenn wir den dichten strauchigen Zwischenbestand aufkommen und heranwachsen lassen. Dann wird der Boden wasserhältiger und humusreicher werden und damit auch der Fichte Lebensmöglichkeiten bieten können. Erst dann können wir einen Fichtenwald anstreben.

## II A. BODENSAURE, BODENTROCKENE ROTFÖHRENWÄLDER.

Die bodensauren, bodentrockenen Rotföhrenwälder besiedeln Böden, die entweder ursprünglich sauer waren (Pinetum silicicolum acidiferens) oder durch Auflagerung einer Rohhumusschicht infolge waldverwüstender Eingriffe oberflächlich versauerten (Pinetum calcicolum acidiferens).

Die bodensauren, bodentrockenen Rotföhrenwälder sind meist in sonniger Lage in *Calluna*-Zwergstrauchheiden, in schattiger Lage in Heidelbeer-Zwergstrauchheiden oder in Birkenwäldern aufgekommen und vermögen sich je nach den klimatischen Lagen zu Eichenwäldern, zum Hainbuchenwald, zum Rotbuchenwald, zum Fichtenwald oder Tannenwald weiterzuentwickeln.

Alle bodensauren, bodentrockenen Rotföhrenwälder besitzen einen sehr ungünstigen Wasserhaushalt und ein sehr geringes Bodenleben. Diese Rotföhrenwälder müssen daher besonders pfleglich bewirtschaftet werden. Kahlschlag, starke Durchlichtung und Streunutzung müssen auf alle Fälle unterbleiben. Bodenschutzholz muß im Interesse des Wasserhaushaltes und der Bodenbelebung auf alle Fälle belassen werden. Wird dies entfernt, so sinkt der Zuwachs noch mehr herab und der Rotföhrenwald wird zum zuwachslosen lückigen Bestand bzw. zur bodensauren Zwergstrauchheide von *Calluna* oder *Vaccinium Myrtillus* herabgewirtschaftet.

Sehen wir von silikatischen Fluß- und Bachalluvionen, jungen Bergsturzhängen, Schuttmänteln und Steilhängen ab, so sind die meisten bodensauren Rotföhrenwälder sekundäre Waldverwüstungsstadien.

Es folgt eine schematische Übersicht über die Entwicklungsmöglichkeiten der bodentrockenen Rotföhrenwälder.

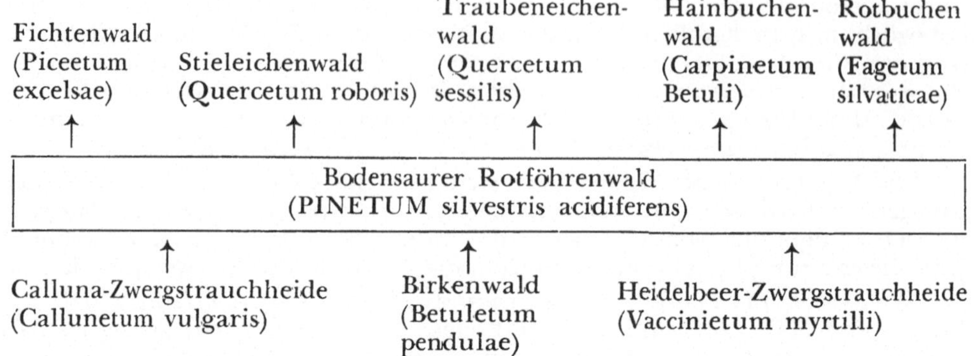


Als bodensaure Arten, also Pflanzen, welche saure Böden bevorzugen, können wir in vorliegender Arbeit mehr oder weniger hinausstellen:

*Agrostis tenuis, Antennaria dioica, Anthoxanthum odoratum, Betonica officinalis, Blechnum Spicant, Calluna vulgaris, Campanula rotundifolia, Carex pallescens, Carex pilulifera, Deschampsia flexuosa, Genista germanica, Genista pilosa, Genista sagittalis, Genista tinctoria, Hieracium Lachenalii, Hieracium laevigatum, Hieracium Pilosella, Hieracium umbellatum, Hypericum pulchrum, Lathyrus montanus, Luzula albida, Luzula multiflora, Luzula pilosa, Lycopodium annotinum, Lycopodium clavatum, Lycopodium complanatum, Nardus stricta, Melampyrum pratense, Potentilla erecta, Sieglingia decumbens, Solidago Virgaurea, Teucrium Scorodonia, Vaccinium Myrtillus, Vaccinium Vitis-idaea, Veronica officinalis.*

*Dicranum scoparium, Dicranum undulatum, Hylocomium splendens, Pleurozium Schreberi, Polytrichum formosum, Polytrichum juniperinum, Ptilium crista-castrensis, Rhytidiadelphus triquetrus.*

## Bodensaurer Rotföhrenwald in Beziehung zum bodensauren Eichenwald.

Floristischer Aufbau: Die Föhre beherrscht mehr oder weniger lebenskräftig wachsend die Baumschicht, da und dort begleitet von Fichten und Eichen. Besonders an lichteren Stellen und am Bestandesrand kommen Eichen lebenskräftig auf, begleitet von den typischen Pflanzen des bodensauren Eichenwaldes. Im Niederwuchs herrschen die bodensauren Arten vor, begleitet von Arten des bodensauren Eichenwaldes und des Fichtenwaldes. Da und dort können auch schon anspruchsvollere Laubwaldarten auftreten. Sie kommen aber erst dort lebenskräftig auf, wo der Rotföhrenwald schon auf solcher Stufe steht, daß er in einen anspruchsvollen Wald übergeführt werden kann.

Haushalt: Wir treffen diese Rotföhrenwälder mit Ausnahme der oberen Buchenstufe in allen Laubwaldstufen. Sie gedeihen einerseits auf sauren, trockenen Silikatverwitterungsböden, andererseits finden wir sie auch auf basischer Bodenunterlage dort, wo eine dicke Auflagerohhumusschicht den darunterliegenden Kalk- oder Dolomitboden isoliert oder dort, wo die Basen oberflächlich ausgewaschen wurden. Hier können da und dort noch bodenbasische Arten vorkommen, die im basischen Boden wurzeln. Die in der Auflageschicht wurzelnden sauren Arten treten aber bedeutend stärker in den Vordergrund. In den meisten Fällen sind in diesen Wäldern Wasser und Nährstoffe im Minimum vorhanden.

Entwicklung: Diese Rotföhrenwälder stellen fast immer Verwüstungsstadien des anspruchsvolleren Laubmischwaldes bzw. Fichtenmischwaldes dar. Sie konnten sich darum durchsetzen, weil infolge der Streunutzung und des Kahlschlagbetriebes und der anderen menschlichen Eingriffe der Bodenzustand so verschlechtert wurde, daß die anspruchsvolleren Holzarten nicht mehr genügend Lebensmöglichkeiten finden können. Schematisch dargestellt verläuft die Vegetationsentwicklung folgendermaßen:

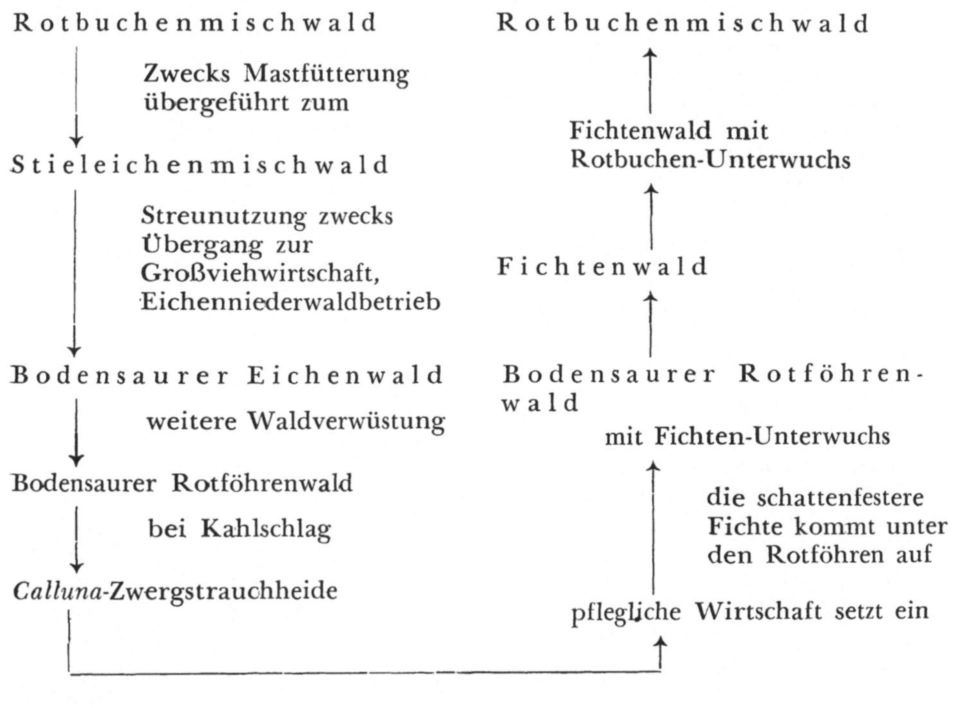


Beispiele:

a) Besenheide-reicher Rotföhrenwald.

Dieser Wald ist dadurch gekennzeichnet, daß die Fichte infolge der sehr ungünstigen Haushaltsverhältnisse nicht in der Lage ist, sich lebenskräftig durchzusetzen. Meist wird die Fichte also fehlen oder sie wird, wenn sie im Unterwuchs aufkommt, sehr geringe Lebenskraft zeigen.

Von allen Rotföhrenwäldern, die durch Plaggenhieb und Streunutzung aus anspruchsvolleren Eichen-Hainbuchenwäldern und Eichenmischwäldern entstanden sind, stellt diese Ausbildung das ärgste Verwüstungsstadium dar, in dem außer der Föhre keine Nutzholzart lebenskräftig aufkommen kann. Selbst die Rotföhre zeigt da und dort in diesen Stadien schon geringere Lebenskraft. Wasser- und Nährstoffverhältnisse sind oft so ungünstig, daß diese Bestände eigentlich nicht als „Wald" bezeichnet werden können, sondern vielmehr als

Ödland betrachtet werden müssen. Die Zuwachsverhältnisse sind so ungünstig, daß diese Bestände forstwirtschaftlich gar keiner Nutzung zugeführt werden können; sie stellen vielmehr lediglich Streunutzungsobjekte dar.

| Nr. der Aufnahme | 1 | 2 | 3 |
|---|---|---|---|
| Meereshöhe in Metern | 550 | 550 | 550 |
| Neigung | eben | eben | eben |
| Bodenunterlage | silic. | silic. | calc. |
| **Baumschicht:** Bestockung | 0,7 | 1,0 | 0,3 |
| *Pinus silvestris* | 5.5 | 5.5 | 3.2 |
| **Strauchschicht:** | | | |
| *Pinus silvestris* | | + | 2.1 |
| *Picea excelsa* | 1.1$^{0}$ | | +$^{0}$ |
| *Quercus Robur* | | | +$^{0}$ |
| *Populus tremula* | | | +$^{0}$ |
| *Salix grandifolia* | | | +$^{0}$ |
| *Larix decidua* | | | +$^{0}$ |
| **Niederwuchs:** | | | |
| *Calluna vulgaris* | 4.3 | 5.5 | 5.5 |
| *Vaccinium Vitis-idaea* | 5.5 | 3.2 | 2.2 |
| *Melampyrum pratense* | 1.1 | 1.1$^{0}$ | + |
| *Polygala Chamaebuxus* | +.2 | | +.2 |
| *Carex pilulifera* | + | | +.2 |
| *Luzula multiflora* | | + | + |
| *Luzula pilosa* | | +$^{0}$ | + |
| *Quercus Robur* | | +$^{0}$ | + |
| *Vaccinium Myrtillus* | | | 1.2 |
| *Genista sagittalis* | | | +.2 |
| *Luzula albida* | | | +.2 |
| *Erica carnea* | | | +.2 |
| *Silene Cucubalus* | | | +.2 |
| *Lathyrus montanus* | | | + |
| *Genista germanica* | | | + |
| *Picea excelsa* | | | + |
| **Moosschicht:** | | | |
| *Pleurozium Schreberi* | 1.1 | 5.5 | 5.5 |
| *Polytrichum formosum* | 3.2 | | 2.2 |
| *Dicranum undulatum* | | 2.3 | |
| *Cladonia rangiferina* | | 2.3 | |
| *Rhytidiadelphus triquetrus* | | +.3 | |
| *Cladonia digitata* | | +.2 | |
| *Polytrichum juniperinum* | | + | |

Die Aufnahmen entstammen folgenden Örtlichkeiten:

1. Westlich Eggerteich bei Villach. Sehr lichter Bestand, umgeben von Blößen. Baumschicht 6–8 m hoch.
2. Westlich Villach, hinter Bleiröhrenfabrik, vor der Oberfellacher Straßenkreuzung. Baumschicht 4—6 m hoch.
3. Westlich Villach, westlich Bleiröhrenfabrik. Baumschicht 3—6 m hoch.

Den Einzelbestand der Aufnahme Nr. 1 untersuchte ich in ebener Lage auf einer glazial-fluviatilen Terrasse westlich Villach.

Dieser Wald wurde vor 4 Jahren durch Plaggenhieb streugenutzt. Die Besenheide ist noch niedrig und in Ausbreitung begriffen. Die Preißelbeere konnte sich so weit ausbreiten, weil ihre tiefgehenden Wurzeln durch die Streunutzung nicht ausgerottet werden konnten.

Die Fichte im Unterwuchs zeigt sehr geringe Lebenskraft, was auch verständlich ist, weil sie als flachwurzelnde Holzart den mehr oder weniger trockenen, durch Plaggenhieb streugerechten Boden nicht ertragen kann. Sie kann hier erst dann mehr an Lebenskraft gewinnen, wenn die Wasserhältigkeit des Bodens zugenommen hat.

Ich stelle diesen Wald zum Waldbürstenmoos-Preißelbeer-reichen Rotföhrenwald, der in der *Calluna*-Zwergstrauchheide aufgekommen ist und vom bodensauren Eichenwald durch Streunutzung herabgewirtschaftet wurde (Quercetum acidiferens ↘ Callunetum vulgaris ↗ PINETUM silvestris vacciniosum Vitis idaeae callunosum).

Die Wälder dieser Ausbildung kennzeichnen mehr oder weniger trockenen wasserdurchlässigen, oft vor wenigen Jahren streugerechten Boden.

Den Einzelbestand der Aufnahme Nr. 2 fand ich ebenfalls westlich Villach auf einer glazial-fluviatilen grobkiesigen Kuppe.

Die geschlossene Baumschicht dieses Waldes ist bei einem durchschnittlichen Alter von 35 Jahren nur 4—6 m hoch und läßt erkennen, daß hier die Haushaltsverhältnisse äußerst ungünstig sind. Dies erklärt sich daraus, daß der ursprünglich grobkiesige, wasserdurchlässige, saure Boden infolge der rücksichtslosen Streunutzung (Plaggenhieb) nicht verbessert werden konnte. Hier wirkt sich die Streunutzung infolge der Reliefverhältnisse umso ungünstiger aus, je mehr der Bestand auf einer Kuppe gelegen ist. Je weiter wir hangabwärts und in die Mulden kommen, desto günstiger werden die Haushaltsverhältnisse, weil

1. feineres Material hangabwärts gewaschen wird und der Unterhang somit zusätzlich Feinerde und Nährstoffe vom Oberhang erhält;
2. die erhöhte Kuppe infolge ihrer windausgesetzten Lage viel mehr der Wasserverdunstung durch Wind und Sonne ausgesetzt ist, während der Unterhang nicht allein auf das Niederschlagswasser angewiesen ist, sondern zusätzlich auch Wasser vom Oberhang zugeführt erhält;
3. das Bodenleben auf der Kuppe sich weniger reich entwickeln kann, weil ihm der trockene saure Boden nicht zusagt, der Rohhumus daher nicht in ausreichendem Maße in milden Humus übergeführt werden kann.

Diesen Zusammenhängen ist es zuzuschreiben, daß in diesem hügeligen Gelände, das vor rund 60 Jahren kahlgeschlagen wurde, trotz der Höhenunterschiede von 20 Metern, die Baumkronen in einer Ebene liegen und daß der

Boden hangabwärts zunehmend eine solche Güte bekommt, daß immer mehr auch die Fichte lebenskräftig aufkommen und sich gegenüber der Rotföhre durchsetzen kann, ja in der Mulde mit ihrem wasserhältigen guten Boden völlig herrscht.

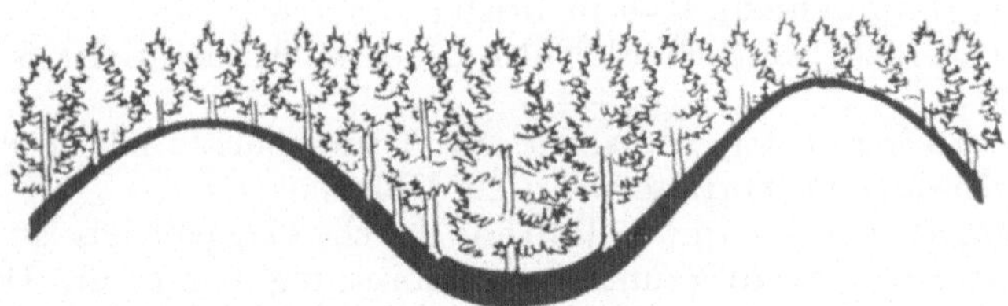

Die Wuchsleistungen am Unterhang sind wesentlich besser als am Oberhang. Dem ist es zuzuschreiben, daß trotz wechselndem Relief mit seinen Ober- und Unterhängen die Baumkronen oft in einer Ebene liegen.

Ich stelle diesen Wald zur Schreber-Astmoos-reichen Ausbildung der gleichen Waldgesellschaft.

Die Beziehung zum bodensauren Eichenwald ist daraus zu ersehen, daß in Lücken überall die Stockausschläge der Stieleiche herauskommen und da und dort in der Nachbarschaft bodensaure Eichenwälder den Bestandesrand einsäumen.

Den Jungwald der Aufnahme Nr. 3 fand ich ebenfalls westlich Villach.

Ich stelle diesen Wald zur selben Ausbildung wie den der Aufnahme Nr. 2.

Infolge geringerer Bestockung kann sich im sehr lichten Jungwald eine viel größere Artenzahl einfinden.

Die Beziehung zum bodensauren Stieleichenwald geht daraus hervor, daß dieser Wald ein Verwüstungsstadium des Stieleichenwaldes ist. Wir treffen die Eiche in der Strauch- und Krautschicht, begleitet von *Melampyrum pratense, Lathyrus montanus* und *Genista germanica,* die für den bodensauren Eichenwald charakteristisch sind. Das Heidekraut bedeckt herrschend den Boden, weil es den trockenen nährstoffarmen Rohhumus besser ertragen kann als die Heidelbeere. Es ist aber sehr lichtbedürftig und verliert daher seine Lebenskraft und verschwindet, wenn es zu sehr beschattet wird. In diesem Falle macht es der Heidelbeere Platz, die an den Wasserhaushalt größere Ansprüche stellt und daher Beschattung besser ertragen kann.

So tritt innerhalb unseres Rotföhrenjungwaldes im Schatten eines Fichtenhorstes die Besenheide örtlich zurück und die Heidelbeere hervor, wie die Aufnahme dieses Horstes zeigt:

| | | | |
|---|---|---|---|
| *Vaccinium Myrtillus* | 4.3 | *Vaccinium Vitis-idaea* | 4.2 |
| *Calluna vulgaris* | +.2 | *Melampyrum pratense* | 3.2 |
| *Potentilla erecta* | 1.2 | *Pleurozium Schreberi* | 5.5 |
| *Polytrichum formosum* | 2.2 | | |

Wir haben eine kleine Örtlichkeit vor uns, die schon der Fichte Lebensbedingungen bieten könnte.

D e r  H a u s h a l t dieses bodensauren Rotföhrenwaldes ist gekennzeichnet durch geringen Wasser- und Nährstoffhaushalt und durch die Lage in der Mittleren Buchenstufe.

Die Streunutzung durch Plaggenhieb im Verein mit Kahlschlag hat diesen Bodenzustand geschaffen. Hören diese waldverwüstenden Eingriffe auf, so wird der saure Rohhumus vom einziehenden Bodenleben zu mildem Humus verarbeitet und anspruchsvolle Arten können aufkommen. Die Vegetationsentwicklung führt zum Buchenwald.

Ein Bodeneinschlag zeigt uns, daß das Heidekraut in einem 5—10 cm dicken Wurzelfilz, der von gelben Myzelien durchwebt ist, wurzelt. Dieser rohe Humus geht allmählich in eine nur 5 cm dicke Humusschicht über, die auf Sandboden ruht.

Aus dem Gang der Vegetationsentwicklung verstehen wir es, daß hier auf den wasserdurchlässigen Böden der Hochterrasse bedingt durch die verschiedenen Wirtschaftsverhältnisse verschiedene Wälder mosaikartig nebeneinander liegen können, je nachdem der eine oder andere Besitzer seinen Wald mehr oder weniger pfleglich bewirtschaftet oder in rücksichtsloser Raubwirtschaft ausbeutet.

Neben dem kräuterreichen Tannen-Rotbuchen-Mischwald des reichen Gutsherrn liegt der streugenutzte armselige bodensaure Rotföhrenwald des waldarmen kleinen Besitzers und dazwischen liegen verschiedene bodensaure Eichenwälder, Fichtenwälder, *Calluna*-Heiden, Heidelbeerheiden und Preißelbeerheiden.

b) Drahtschmielen-reicher Rotföhrenwald.

Diese Ausbildung des Rotföhrenwaldes besitzt verhältnismäßig schon einen etwas besseren Haushalt als die Ausbildung der *Calluna*-Subassoziation. Dies ist daraus zu ersehen, daß das Heidekraut selbst nur noch einen Teil der Fläche einnimmt, selbst dann, wenn der Wald nicht ganz geschlossen ist und genügend Licht einfallen läßt.

Diese Ausbildung findet man auch im Schwarzwald.

Das Auftreten von *Ilex Aquifolium, Abies alba* und *Teucrium Scorodonia* lassen das atlantische Klima erkennen.

Beispiele:

| | | | |
|---|---|---|---|
| Nummer der Aufnahme | | 1 | 2 |
| Meereshöhe in Metern | | 465 | 400 |
| Himmelslage | | W | S |
| Neigung in Graden | | 15 | 15—20 |
| Bodenunterlage | | Silikat | Silikat |
| Baumschicht: | Bestockung | 0,6 | 0,7 |
| *Pinus silvestris* | | 4.5 | 0,9 |
| *Quercus Robur* | | | 0,1 |
| *Castanea sativa* | | + | |
| Strauchschicht: | | | |
| *Quercus Robur* | | 1.1 | + |
| *Abies alba* | | 1.1 | + |
| *Ilex Aquifolium* | | 1.1 | |
| *Sorbus Aria* | | + | |

| Nummer der Aufnahme | 1 | 2 |
|---|---|---|
| Meereshöhe in Metern | 465 | 400 |
| Himmelslage | W | S |
| Neigung in Graden | 15 | 15–20 |
| Bodenunterlage | Silikat | Silikat |
| *Sorbus aucuparia* | + | |
| *Pinus silvestris* | + | |
| *Rhamnus Frangula* | + | |
| Niederwuchs: | | |
| *Deschampsia flexuosa* | 5.5 | 4.3 |
| *Calluna vulgaris* | 1.3 | 1.2 |
| *Teucrium Scorodonia* | 1.2 | 1.2 |
| *Quercus Robur* | 2.1 | + |
| *Melampyrum pratense* | + | + |
| *Abies alba* | 1.1 | |
| *Hieracium umbellatum* | | 1.1 |
| *Hieracium laevigatum* | | 1.1 |
| *Hieracium Lachenalii* | | 1.1 |
| *Vaccinium Myrtillus* | | +.4 |
| *Genista sagittalis* | | +.2 |
| *Genista pilosa* | | +.2 |
| *Dryopteris austriaca* | + | |
| *Campanula rotundifolia* | | + |
| *Rubus* sp. | | + |
| *Pinus silvestris* | | + |
| *Hieracium silvaticum* | | + |
| *Fraxinus excelsior* | | $+^{0}$ |
| Moosschicht: | | |
| *Pleurozium Schreberi* | 2.2 | 4.3 |
| *Hylocomium splendens* | 3.3 | +.2 |
| *Polytrichum formosum* | 2.2 | 1.2 |
| *Dicranum scoparium* | | 2.3 |
| *Dicranum undulatum* | 2.2 | |

Den Einzelbestand der Aufnahme Nr. 1 untersuchte ich auf einem Westhang in Badenweiler im südlichen Schwarzwald auf wasserdurchlässigem Granitverwitterungsboden.

Ich stelle diesen Wald zum Drahtschmielen-reichen Rotföhrenwald, der in der *Calluna*-Zwergstrauchheide aufgekommen ist und ein Waldverwüstungsstadium des bodensauren Eichenwaldes darstellt (Quercetum Roboris acidiferens ↘ Callunetum vulgaris ↗ PINETUM silvestris deschampsiosum flexuosae).

Die Beziehung zum Stieleichenwald liegt klar auf der Hand; denn dieser Rotföhrenwald ist ein Waldverwüstungsstadium des Stieleichenwaldes. Die Stieleiche ist in der Strauch- und Krautschicht vertreten und würde sich sofort sehr entwickeln, wenn der Rotföhrenwald niedergeschlagen wird. Auch *Teucrium Scorodonia* und *Melampyrum pratense* geben uns den Hinweis, daß dieser Kiefernwald mit dem Eichenwald Beziehungen hat.

Die Rotföhre *(Pinus silvestris)* erträgt oberflächlich trockenen tonigen Boden des bodensauren Eichen-Birkenwaldes viel besser als die hier flachwurzelnde Fichte. Daher überwächst die Rotföhre die gepflanzten Fichten. Die Fichte ist hier nicht standortgemäß und sollte auf solchen Böden des bodensauren Eichen-Birkenwaldes nicht aufgeforstet werden.

Aufnahme Nr. 2 machte ich auf einem Südhang ober Ebnet bei Freiburg im Breisgau.

Auch dieser Wald stellt ein Verwüstungsstadium eines ehemals anspruchsvolleren Eichenmischwaldes dar. Dafür sprechen die Charakterarten des bodensauren Eichenwaldes: *Hieracium umbellatum, Hieracium laevigatum, Teucrium Scorodonia, Melampyrum pratense, Genista pilosa.* Aber auch die Stieleiche selbst kommt hier immer wieder auf, wenn sie nicht zu sehr unterdrückt wird.

Die mindere Bodengüte, die große Trockenheit und Nährstoffarmut des Bodens entsprechen nicht der primären Waldentwicklung, sondern sind der Ausdruck der waldverwüstenden Eingriffe des Menschen, insbesondere der Streunutzung.

Ich reihe diesen Wald zur Schreber-Astmoos-reichen Ausbildung derselben Waldgesellschaft.

c) Die mit dem bodensauren Eichenwald in Beziehung stehenden Rotföhrenwälder, in denen die Fichte sekundär aufkommt.

Diese Ausbildung ist besonders dadurch gekennzeichnet, daß die Fichte oft in der Baumschicht als lebenskräftig wachsende Mischholzart vertreten ist, daß sie aber auch in der Strauch- und Krautschicht lebenskräftig aufkommen kann, während die Rotföhrenjugend im geschlossenen Bestande die Beschattung durch ihre eigenen Mutterbäume nicht ertragen kann. So wächst ein Fichten-Zwischenbestand heran, der allmählich die Entwicklung zum Fichtenwald einleitet, wie im Schema aufgezeigt ist. Im Niederwuchs kommen da und dort schon mehr anspruchsvolle Laubwaldarten auf und weisen auf die schon besseren Haushaltsverhältnisse hin.

Beispiele:

| Nr. der Aufnahme | 1 | 2 | 3 | 4 | 5 | 6 | 7 | 8 | 9 |
|---|---|---|---|---|---|---|---|---|---|
| Meereshöhe in Metern | 570 | 546 | 546 | 556 | 540 | 560 | 600 | 600 | 770 |
| Himmelslage | | | | S | S | W | N | N | N |
| Neigung in Graden | eben | eben | eben | 15 | 20 | 5 | 5 | 5 | 5 |
| **Baumschicht:** | | | | | | | | | |
| *Pinus silvestris* | 5.5 | 0,9 | 0,8 | 0,6 | 4.5 | 0,9 | 0,8 | | 0,6 |
| *Picea excelsa* | 1.1 | 0,1 | + | | + | 0,1 | 0,2 | | 0,4 |
| *Fagus silvatica* | | | | | +$^0$ | | | | |
| **Strauchschicht:** | | | | | | | | | |
| *Picea excelsa* | 1.1 | + | + | 1.1 | 1.1 | +.2 | + | 0.4$^0$ | 2.2 |
| *Quercus Robur* | + | + | + | + | + | | + | + | |
| *Fagus silvatica* | + | | | | + | + | + | + | |
| *Pinus silvestris* | | +$^0$ | | + | | | + | 0.6 | 1.1 |
| *Betula verrucosa* | + | | + | | | | | | |
| *Sorbus aucuparia* | + | | | | | | + | | |
| *Abies alba* | | | + | | | | | + | |
| *Carpinus Betulus* | | | | | | | | + | + |
| *Corylus Avellana* | + | | | | | | | | |
| *Crataegus monogyna* | | | | | | | + | | |
| *Larix decidua* | | | | | | | + | | |
| *Alnus incana* | | | | | | | + | | |
| *Rhamnus Frangula* | | | | | | | + | | |
| *Lonicera Xylosteum* | | | | | | | + | | |
| *Pirus Piraster* | | | | | | | + | | |
| *Sorbus Aria* | | | | | | | + | | |
| *Berberis vulgaris* | | | | | | | | + | |
| *Populus tremula* | | | | | | | + | + | + |
| **Niederwuchs:** | | | | | | | | | |
| *Vaccinium Myrtillus* | 4.5 | 5.5 | 5.5 | 5.5 | 4.5 | 3.4 | 5.5 | + | 1.2 |
| *Vaccinium Vitis-idaea* | 3.2 | 2.2 | 3.2 | 3.4 | + | 2.2 | | 3.2 | 3.3 |
| *Melampyrum pratense* | 1.2 | 3.2 | 3.2 | | 1.1 | 2.1 | 2.2 | 1.1 | 3.3 |
| *Calluna vulgaris* | | +.2 | +.2 | 2.3 | 1.2 | 1.2 | 2.2 | 5.5 | 4.5 |
| *Luzula albida* | | +.2 | +.2 | + | + | 1.2 | + | 1.2 | + |
| *Luzula pilosa* | | + | 1.1 | 1.1 | + | + | 1.1 | +.2 | |
| *Genista sagittalis* | | +.2 | | 1.2 | + | + | + | +.2 | + |
| *Pteridium aquilinum* | + | | + | + | 1.1 | 2.2 | | | 2.2 |
| *Polygala Chamaebuxus* | | | +.2 | + | + | 1.1 | 1.2 | +.2 | |
| *Picea excelsa* | + | | + | | 1.1 | + | + | | + |
| *Potentilla erecta* | | | | 1.1 | | + | + | 1.1 | 2.2 |
| *Cytisus hirsutus* | | | +.2 | | + | | + | +.2 | |
| *Quercus Robur* | + | | | + | | 1.1 | | | 1.1 |
| *Carex pilulifera* | | | | +.2 | | | + | + | + |
| *Sieglingia decumbens* | | | | 2.2 | | +.2 | | | 1.1 |
| *Genista tinctoria* | | | | | + | + | | | 2.2 |
| *Lathyrus montanus* | | | | | + | | 1.1 | | 1.1 |
| *Deschampsia flexuosa* | | | +$^0$ | +.2 | 1.2 | | | | |
| *Genista germanica* | | | | | + | | 1.1 | + | |
| *Fragaria vesca* | | | | | | | + | + | 1.1 |

| Nr. der Aufnahme | 1 | 2 | 3 | 4 | 5 | 6 | 7 | 8 | 9 |
|---|---|---|---|---|---|---|---|---|---|
| Meereshöhe in Metern | 570 | 546 | 546 | 556 | 540 | 560 | 600 | 600 | 770 |
| Himmelslage | | | | S | S | W | N | N | N |
| Neigung in Graden | eben | eben | eben | 15 | 20 | 5 | 5 | 5 | 5 |
| *Luzula multiflora* | | | | | | | + | + | + |
| *Solidago Virgaurea* | | | | | | | + | + | + |
| *Sorbus aucuparia* | | | | | + | + | | | + |
| *Erica carnea* | | | | | | | 2.3 | +.3 | |
| *Majanthemum bifolium* | | | | | | | 2.2 | | + |
| *Agrostis tenuis* | | | | + | | | | | 1.2 |
| *Antennaria dioica* | | | | | | | + | +.2 | |
| *Veronica officinalis* | | | | | | | + | | + |
| *Anthoxanthum odoratum* | | | | | | | + | | + |
| *Hieracium umbellatum* | | | | + | | | | | + |
| *Hieracium silvaticum* | | + | | | | | + | | |
| *Plathanthera bifolia* | | | | | | + | + | | |
| *Peucedanum Oreoselinum* | | | | | | | + | + | |
| *Lycopodium complanatum* | | | | | | | | | 1.3 |
| *Lycopodium clavatum* | | | | | | | | | +.2 |
| *Blechnum Spicant* | | | | | | +.2 | | | |
| *Salix caprea* | | | | + | | | | | |
| *Listera ovata* | | | | | + | | | | |
| *Hieracium Pilosella* | | | | | | | + | | |
| *Galium verum* | | | | | | | + | | |
| *Euphorbia amygdaloides* | | | | | | | + | | |
| *Pirola rotundifolia* | | | | | | | + | | |
| *Viola silvestris* | | | | | | | + | | |
| *Anemone trifolia* | | | | | | | + | | |
| *Anemone nemorosa* | | | | | | | + | | |
| *Ajuga reptans* | | | | | | | + | | |
| *Orchis maculata* | | | | | | | + | | |
| *Hieracium laevigatum* | | | | | | | | + | |
| *Nardus stricta* | | | | | | | | + | |
| *Rubus idaeus* | | | | | | | | + | |
| *Carpinus Betulus* | | | | | | | | + | |
| *Epilobium angustifolium* | | | | | | | | + | |
| *Campanula rotundifolia* | | | | | | | | + | |
| *Carex pallescens* | | | | | | | | | + |
| *Knautia arvensis* | | | | | | | | | + |
| *Rhamnus Frangula* | | | | | | | | | + |
| *Hieracium Lachenalii* | | | | | | | | | + |
| *Galium vernum* | | | | | | | | | + |
| *Brachypodium pinnatum* | | | | | | | | | + |
| *Calamintha Clinopodium* | | | | | | | | | + |
| *Euphorbia Cyparissias* | | | | | | | | | + |
| Moosschicht: | | | | | | | | | |
| *Pleurozium Schreberi* | 4.5 | 3.3 | 5.5 | 5.5 | 4.5 | 5.5 | 3.4 | 5.5 | 1.2 |
| *Polytrichum formosum* | | 2.2 | 2.1 | 3.4 | | 1.2 | 1.3 | 2.2 | +.2 |
| *Dicranum undulatum* | +.2 | +.3 | 3.2 | | | 2.3 | 1.2 | +.3 | 1.2 |
| *Hylocomium splendens* | 3.3 | | 1.3 | | + | | 1.3 | | 1.2 |
| *Polytrichum juniperinum* | +.2 | | + | | | | 1.3 | | |
| *Rhytidiadelphus triquetrus* | 3.5 | | +.2 | | | | | | |
| *Scleropodium purum* | | | | | | | 1.2 | | +.2 |
| *Ptilium crista-castrensis* | | | | | | 1.3 | | | |
| *Cladonia digitata* | | | | | | | | +.2 | |
| *Dicranum scoparium* | | | | | + | | | | |

Die Aufnahmen entstammen folgenden Örtlichkeiten und enthielten ferner vereinzelt:

Nr. 1. Windschauern-Plateau nördlich St. Peter im Holz bei Spittal a. d. Drau, ebene Lage, Föhre 25 m hoch, Fichte 10—15 m hoch.

Nr. 2. Im Westen von Villach in ebener Lage bei der Bleiröhrenfabrik, Föhre 20 m hoch, 80 Jahre alt, 0,9 bestockt, Fichte 6—10 m hoch.

Nr. 3. 500 m nördlich davon in ebener Lage. Boden: Unter leicht abhebbarer Moosschicht 3 cm dunkler fein zerteilter Rohhumus, darunter 15 cm rotbrauner lehmiger Sandboden, darunter grobkiesiger glazial-fluviatiler Terrassenboden.

Nr. 4. Johannisberg im Westen von Villach, 15° Süd geneigt. Rotföhren 15—20 Meter hoch.

Nr. 5. Oberhalb Schloß Freyenthurn, westlich Klagenfurt, am 20° Süd geneigten Hang, streugerecht, 0,7 bestockt.

Nr. 6. Dobrowa ober Maria-Gail, westlich Villach, 5° westlich geneigt. Baumschicht 15 m hoch.

Nr. 7. Glazial-fluviatile Hochterrasse in Möltschach bei Villach, östlich Schistadion, am schwach geneigten Nordhang in 600 m Seehöhe.

Nr. 8. Westlich Villach, östlich der Sprungschanze am Sandplateau. Strauchschicht 2—3 m hoch.

Nr. 9. Nördlich Lind-Sternberg auf einer schwach Nord geneigten Grundmoräne.

Bei allen diesen Einzelbeständen ist die Beziehung des bodensauren Rotföhrenwaldes zum bodensauren Eichenwald sehr gut zu erkennen; einerseits aus dem floristischen Aufbau, wo neben Eichen auch die Begleiter des bodensauren Eichenwaldes vertreten sind, andererseits daraus, daß an lichten Stellen im Bestand oder am Bestandesrand die Eichen lebenskräftig aufkommen können.

Das lebenskräftige Wachstum der Fichte in allen Schichten rechtfertigt jeweils die Zuteilung zur Fichten-Ausbildung dieses Waldes.

Die Wälder der Aufnahmen Nr. 1 bis 4 stelle ich zum Heidelbeer-Preißelbeer-reichen Rotföhrenwald, welcher in der Heidelbeer-Zwergstrauchheide aufgekommen ist, die in Beziehung zum bodensauren Stieleichenwald steht, der Fichte schon Lebensbedingungen bietet und ein Waldverwüstungsstadium des bodensauren Stieleichenwaldes ist (Quercetum Roboris acidiferens ↘ Vaccinietum Myrtilli quercetosum Roboris ↗ PINETUM silvestris piceetosum vacciniosum Myrtilli, Vitis-idaeae).

Die Wälder der Aufnahme Nr. 5 und 6 stelle ich ebenso hieher, nur ist der Unterwuchs dieser Wälder bloß heidelbeerreich (PINETUM silvestris piceetosum vacciniosum Myrtilli).

Den Wald der Aufnahme Nr. 7 stelle ich zum Heidelbeer-Erika-reichen*) Fichten-Rotföhren-Mischwald, welcher in der Heidelbeer-Zwergstrauchheide aufgekommen ist, die in Beziehung zum bodensauren Stieleichenwald steht und ein Waldverwüstungsstadium des bodensauren Stieleichenwaldes ist. (Quercetum Roboris acidiferens ↘ Vaccinietum Myrtilli quercetosum Roboris ↗ Piceeto-PINETUM silvestris myrtillosum.)

---

*) Das Zusammentreffen bodenbasischer mit bodensauren Arten ist dadurch zu erklären, daß der Terrassenboden mosaikartig Kalk- und Silikatablagerungen enthält.

Diese Ausbildung findet sich meist in geschlosseneren Wäldern, weil ja die Heidelbeere, von schneereichen, schattigen Nordlagen abgesehen, größere Ansprüche an den Wasserhaushalt stellt und diesen in sonniger Lage meist nur im Schutze des geschlossenen Waldes findet. Die Bodenverhältnisse sind meist verhältnismäßig schlecht; immerhin reichen sie aus, um der Fichte das Aufkommen zu ermöglichen. Anspruchsvollere Holzarten aber können in den meisten Fällen noch nicht aufgebracht werden.

Der Einzelbestand Nr. 8 ist ein 12jähriger Rotföhren-Jungwald auf einer glazial-fluviatilen Terrasse. Hier hat sich, infolge der Lichtstellung, die Besenheide, die die sonnige Lage besser ertragen kann als die Heidelbeere, auf Kosten dieser ausgebreitet. Auch der Boden ist hier verhältnismäßig sehr trocken.

Ich stelle diesen Jungwald zum Besenheide-reichen Rotföhrenwald, welcher in der mit dem bodensauren Eichenwald in Beziehung stehenden Besenheide, die mit Fichte angeforstet wurde, aufgekommen ist und ein Waldverwüstungsstadium des bodensauren Eichenwaldes ist (Quercetum Roboris acidiferens ↘ Callunetum quercetosum Roboris ↗ PINETUM silvestris callunosum).

Auch im Einzelbestand der Aufnahme Nr. 9, der in der Baumschicht nur 0,3 bestockt ist, tritt die *Calluna*-Heide fast herrschend hervor, weil sie hier auf dem mehr oder weniger trockenen Boden die Besonnung besser ertragen kann als die Heidelbeere. Trotzdem findet aber auch die Fichte genügend gute Haushaltsverhältnisse zum lebenskräftigen Wachstum in der Baum- und Strauchschicht.

Ich stelle diesen Wald zum besenheide-reichen Rotföhren-Fichten-Mischwald, welcher in der mit dem bodensauren Eichenwald in Beziehung stehenden Besenheide aufgekommen ist und ein Waldverwüstungsstadium des bodensauren Eichenwaldes darstellt (Quercetum Roboris acidiferens ↘ Callunetum quercetosum Roboris ↗ Piceeto-PINETUM silvestris callunosum).

Wirtschaftliche Folgerungen: Wie die angeführten Beispiele zeigen, kann der mit dem bodensauren Eichenwald in Beziehung stehende Rotföhrenwald in verschiedenen Ausbildungen vorkommen. Dies erklärt sich daraus, daß diese Wälder in den meisten Fällen Verwüstungsstadien von anspruchsvolleren Buchen-, Eichen-, Hainbuchen- und Eichenmischwäldern darstellen, deren Boden je nach der Stärke der menschlichen Eingriffe verschieden verwüstet wurde. So wechseln in der näheren und weiteren Umgebung dieser Wälder unter sonst gleichen Verhältnissen oft *Calluna*-Heiden, Heidelbeerheiden, bodensaure Rotföhrenwälder, Fichtenwälder, bodensaure Eichenwälder und Rotbuchenmischwälder, die ja genetisch miteinander in Beziehung stehen, einander ab, und sind der Ausdruck bestimmter, durch menschliche Einflüsse bedingter Bodenverhältnisse.

Streunutzung, Plaggenhieb, Kahlschlag und Niederwaldbetrieb verursachen die im Schema aufgezeigte Abwärtsentwicklung. Hören die waldverwüstenden Eingriffe auf, so beginnt wieder langsam die Bodenverbesserung und Vegetationsentwicklung aufwärts, denn der Bestandesabfall bleibt liegen, gibt dem Boden in zunehmendem Maße eine wasserhaltende Kraft und ermöglicht dadurch dem Bodenleben das Aufkommen. Dieses kann den Rohhumus verarbeiten, in milden Humus überführen und so die Voraussetzung für das lebenskräftige Aufkommen anspruchsvollerer Arten schaffen.

Daraus müssen wir folgern, daß wir diese verwüsteten Wälder erst dann wieder in anspruchsvollere Wälder umwandeln können, wenn wir diese störenden Eingriffe unterlassen. Plaggenhieb, Streunutzung und Kahlschlag haben also auf alle Fälle zu unterbleiben.

Je nach dem Grad der Verwüstung können aber verschiedene aufbauende Maßnahmen durchgeführt werden.

Die Besenheide-Ausbildung stellt meist das ärgste Verwüstungsstadium dar. In ihr kann lediglich die Rotföhre als Nutzholz aufgebracht werden.

Diese besenheidereichen Wälder sind meist so licht, daß es unsinnig ist, wenn die Forstwirtschaft hier hinein die Fichte pflanzt. Die Fichte wurzelt hier so flach, daß sie im Freistand oder sehr lichten Bestand ihren Wasserhaushalt aus dem Oberboden nicht befriedigen kann und daher zu kränkeln beginnt. An lichtumflossenen Orten kommen allmählich Eichen und verschiedene Laubsträucher ganz von selbst auf. Diese im Unterholz aufkommenden Arten müssen wir auf alle Fälle begünstigen und unterstützen; denn die Eichen und anderen Laubhölzer durchwurzeln tiefer den Boden und geben durch ihren Bestandesabfall auch dem Oberboden eine größere wasserhaltende Kraft.

Die Deckung des Bodens mit Aststreu düngt den Boden und kann da und dort das Klima der bodennahen Luftschicht so verbessern, daß das Bodenleben günstigere Lebensbedingungen bekommt. Dadurch kann die Verbesserung des Bodens begünstigt werden. Auch Kalkung kann da und dort auf extrem sauren Standorten die Bodenverbesserung beschleunigen.

Für die drahtschmielenreichen Bestände gilt in großen Zügen dasselbe wie für die besenheidereichen Bestände.

Im Zuge der Bodenverbesserung wird die Besenheide von der Drahtschmiele verdrängt und sogar Schrebers Astmoos bekommt so große Lebenskraft, daß es die wenig lebenskräftigen Besenheideästchen überwächst.

Wenn auch die Tanne da und dort in der Strauchschicht schon mehr oder weniger lebenskräftig vorkommt, so sagt dies nicht, daß wir sie freistellen können, denn im Freistand würde sie viel mehr Wasser verdunsten und könnte es nicht aus dem Boden nachschaffen. Sie würde kränkeln und von allen möglichen Schädlingen befallen werden.

In den bodenfrischen Ausbildungen sind die Haushaltsverhältnisse schon so günstige, so daß auch die Fichte im Oberboden genügend Lebensmöglichkeiten findet und sich im Unterwuchs allmählich durchsetzen kann. Allerdings sind auch hier die Zuwachsverhältnisse nicht in allen Ausbildungen gleich. Es ist verständlich, daß in einem heidelbeerreichen Wald ungünstigere Verhältnisse zu finden sein werden als in einem Wald, in dem die anspruchsvolleren Kräuter stärker hervortreten.

In jedem Falle müssen wir bedacht sein, den Fichtenzwischenbestand nicht plötzlich freizustellen. Wir müssen ihm die Möglichkeit geben, langsam in den Hauptbestand hineinzuwachsen.

## II B. BODENSAURE, BODENFEUCHTE ROTFÖHRENWÄLDER.

Die bodensauren, anmoorigen Rotföhrenwälder nehmen zwischen dem nährstoffreichen Bruchwald (z. B. Alnetum glutinosae paludosum) und dem nährstoffarmen Hochmoorwald (z. B. Pinetum silvestris turfosum) eine mittlere Stellung ein.

Daher bezeichne ich einen solchen bodensauren, anmoorigen Rotföhrenwald als „PINETUM silvestris paludosum turfosum".

Als Differenzialarten dieser bodensauren, anmoorigen Ausbildung treffen wir z. B. in einem solchen Rotföhrenwald vor Weihenbrunn in Württemberg:

*Alnus glutinosa, Rhamnus Frangula, Molinia coerulea, Succisa pratensis, Deschampsia caespitosa, Lysimachia vulgaris, Juncus inflexus, Lythrum Salicaria, Thuidium tamariscinum.*

### Bodensaurer, bodenfeuchter Rotföhrenwald in Beziehung zum anmoorigen Eichenwald.

Floristischer Aufbau: Die Rotföhre beherrscht die Baumschicht, begleitet von Eichen, Fichten, vor allem aber auch von Schwarzerlen, die auf die feuchten Bodenverhältnisse hinweisen. Im Niederwuchs treten neben den bodensauren Arten vor allem die bodenfeuchten Arten sehr stark hervor.

Haushalt: Der Haushalt dieser Rotföhrenwälder ist aus dem Gang der Vegetationsentwicklung zu verstehen. Sie stellen meist Verwüstungsstadien des bodensauren Eichenwaldes, der aus einem Schwarzerlenbruchwald hervorgegangen ist, dar und besitzen daher luftarmen, feuchten, oberflächlich versauerten Boden. Sie können in den Eichenstufen und in der unteren Buchenstufe vorkommen.

Entwicklung: Die Vegetationsentwicklung verläuft schematisch dargestellt etwa folgend:

Bodenfeuchter
Stieleichen-Hainbuchenwald

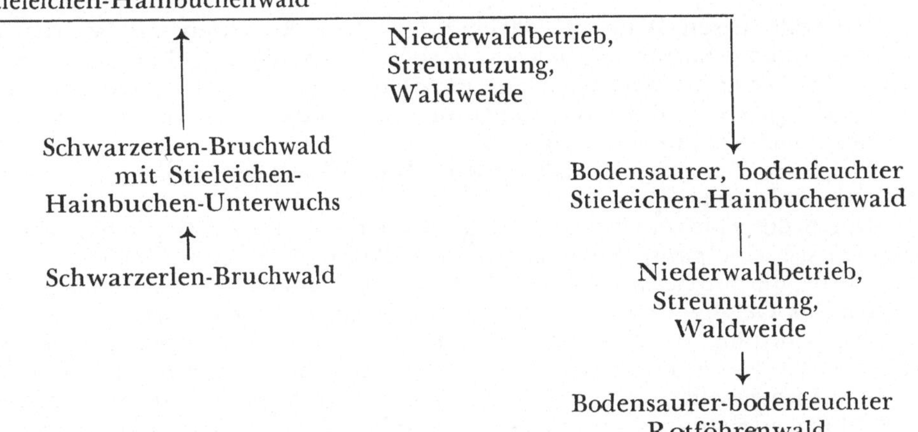


Beispiel: Einen bodenfeuchten bodensauren Rotföhrenwald untersuchte ich in ebener Lage vor Weihenbrunn in Württemberg in 530 m Seehöhe.

Baumschicht: 0,7 bestockt.

| | | | |
|---|---|---|---|
| *Pinus silvestris,* Bestockung | 0,8 | *Betula verrucosa* | + |
| *Quercus Robur,* Bestockung | 0,1 | *Fagus silvatica* | + |
| *Alnus glutinosa* | +.2 | *Populus tremula* | + |
| *Picea excelsa* | + | | |

Strauchschicht: 0,3 deckend.

| | | | |
|---|---|---|---|
| *Rhamnus Frangula* | 1.2 | *Alnus glutinosa* | + |
| *Quercus Robur* | 1.1 | *Sorbus aucuparia* | + |
| *Populus tremula* | 1.1 | *Salix caprea* | + |

N i e d e r w u c h s :

| | | | |
|---|---|---|---|
| *Molinia coerulea* | 5.5 | *Epipactis Helleborine* (= *E. latifolia*) | + |
| *Succisa pratensis* | 1.2 | *Carex lepidocarpa* | + |
| *Carex flacca* | 1.2 | *Lythrum Salicaria* | + |
| *Vaccinium Myrtillus* | 1.2 | *Lonicera Periclymenum* | + |
| *Agrostis tenuis* | 1.2 | *Rubus* sp. | + |
| *Potentilla erecta* | 1.1 | *Galium hercynicum* | + |
| *Betonica officinalis* | 1.1 | *Hieracium laevigatum* | + |
| *Hyperium pulchrum* | 1.1 | *Lathyrus montanus* | + |
| *Rhamnus Frangula* | 1.1 | *Viola silvestris* | + |
| *Deschampsia caespitosa* | +.2 | *Acer Pseudoplatanus* | + |
| *Lysimachia. vulgaris* | +.2 | *Convallaria majalis* | + |
| *Calluna vulgaris* | +.2 | *Dryopteris austriaca* | + |
| *Oxalis Acetosella* | +.2⁰ | *Platanthera bifolia* | + |
| *Juncus inflexus* | + | *Hieracium umbellatum* | +⁰ |
| *Ajuga reptans* | + | | |

M o o s s c h i c h t :

| | | | |
|---|---|---|---|
| *Thuidium tamariscinum* | 2.3 | *Sphagnum acutifolium* | +.4 |
| *Rhytidiadelphus triquetrus* | 2.2 | *Polytrichum formosum* | +.3 |
| *Scleropodium purum* | 1.2 | *Dicranum undulatum* | +.2 |

Ich stelle diesen Wald zum Pfeifengras-reichen Rotföhrenwald, welcher als Waldverwüstungsstadium des im Schwarzerlenbruchwald aufgekommenen Stieleichen-Hainbuchenwaldes zu werten ist (Alnetum glutinosae paludosum turfosum ↗ Querceto Roboris-Carpinetum ↘ PINETUM silvestris alnetosum glutinosae moliniosum coeruleae).

Wie ist es aber möglich, daß die Rotföhre sich auf diesem Bruchwaldboden sekundär ausbreitete?

Durch die waldverwüstenden Eingriffe versauerte der Oberboden sehr. Es siedelten sich eine ganze Reihe bodensaurer Arten an, wie die Heidelbeere, die Besenheide, die Blutwurz und viele Arten des bodensauren Eichenwaldes.

Und im Gefolge dieser bodensauren Arten auch die Rotföhre.

Die Beziehung zum bodenfeuchten Eichenwald geht ohne weiters aus dem Auftreten der Eiche in der Baum- und Strauchschicht und der Arten des bodenfeuchten Eichenwaldes im Niederwuchs hervor. Die Zuteilung zur Schwarzerlen-Ausbildung erfolgte auf Grund vergleichender Untersuchungen und des Vorkommens der Schwarzerle und ihrer Begleiter. Ich verweise in diesem Zusammenhang auf den Gang der Vegetationsentwicklung.

W i r t s c h a f t l i c h e F o l g e r u n g e n : Streunutzung, Weidenutzung und Niederwaldbetrieb sind sofort einzustellen und zwar nicht nur im Bestande selbst, sondern auch in der Umgebung. Der Bestand liegt in einer Senke und bekommt Wasser von den umgebenden Böden zugeführt, wenn diese es nicht aufhalten. Die Rotföhre vermag hier wohl den Boden zu ertragen. Wir müssen daher den Boden vorerst verbessern, d. h. ihn durchlüften und ihm seine Bodennässe in tieferen Bodenschichten nehmen.

Dies geschieht am besten durch Kahlschlag der Rotföhren und Voranbau der Schwarzerlen. Diese vermögen den Boden gut zu ertragen und verbessern ihn auch durch tiefreichende Bodenlockerung und Stickstoffbindung. So bereiten sie ihn für anspruchsvollere Nutzholzarten wie Esche, Eichen, Tannen, Buchen vor.

Die Fichte dürfen wir nicht einbringen, denn sie würde mit ihrer flachen Bewurzelung den Boden verdichten und damit vernässen und verschlechtern. Sie würde auch sehr leicht von Wurzelpilzen und der kleinen Fichtenblattwespe *(Nematus abietinus)* befallen werden.

## III. HOCHMOOR-ROTFÖHRENWÄLDER.

Die Hochmoor-Rotföhrenwälder besiedeln einen nährstoffarmen, sauren Moorboden. Sie sind in der *Calluna*-Heide, Rauschbeer-Heide oder im Moor-Birkenwald aufgekommen und vermögen sich da und dort zum Fichtenwald zu entwickeln.

Durch Kahlschlag vernässen die Böden und die Rotföhren-Hochmoorwälder werden wieder zu *Calluna*- oder Rauschbeer-Heiden oder Moorbirkenwäldern degradiert.

Es folgt eine schematische Übersicht über die Entwicklungsmöglichkeiten der Rotföhren-Hochmoorwälder.

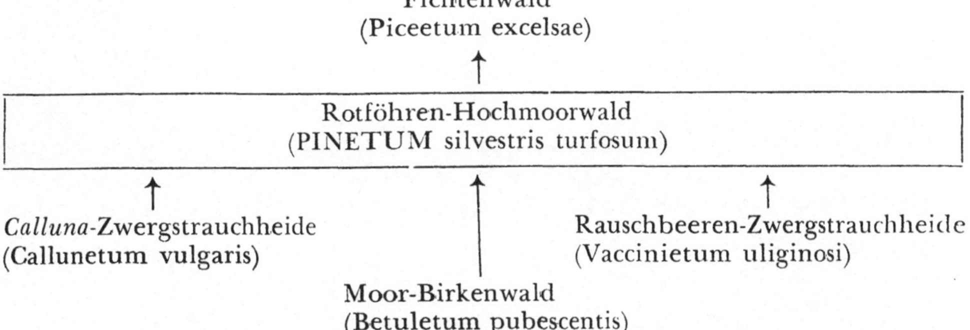


Wir treffen in unseren Aufnahmen folgende Arten, welche für die Hochmoorwälder besonders bezeichnend sind:

*Betula pubescens, Vaccinium uliginosum, Vaccinium Oxycoccos, Eriophorum vaginatum, Molinia coerulea, Trichophorum caespitosum, Drosera rotundifolia.*

*Aulacomnium palustre, Polytrichum commune, Sphagnum acutifolium, Sphagnum cymbifolium, Sphagnum magellanicum, Sphagnum recurvum.*

### Besenheidereicher Hochmoor-Rotföhrenwald.

Einen Hochmoor-Rotföhrenwald untersuchte ich im Verlandungsgebiete eines Teiches am Ossiacher-Tauern in 1000 m Seehöhe bei Köstenberg.

Floristischer Aufbau:

Baumschicht:

| | |
|---|---|
| *Pinus silvestris* | 5.5 |

Strauchschicht:

| | | | |
|---|---|---|---|
| *Rhamnus Frangula* | 1.2 | *Betula alba* | + |
| *Rhamnus cathartica* | + | | |

Niederwuchs:

| | | | |
|---|---|---|---|
| *Calluna vulgaris* | 5.5 | *Trichophorum caespitosum* | +.2 |
| *Vaccinium Oxycoccos* | 1.2 | *Drosera rotundifolia* | + |
| *Molinia coerulea* | 1.2 | *Galium uliginosum* | + |
| *Potentilla erecta* | 1.1 | | |
| *Eriophorum vaginatum* | 1.1 | | |

Moosschicht:

| | | | |
|---|---|---|---|
| *Sphagnum magellanicum* | 3.4 | *Aulacomnium palustre* | 2.2 |
| *Sphagnum recurvum* | 2.2 | *Cladonia rangiferina* | + |

Fichtenhochmoorwald im Legföhren-Buschwald hochgekommen (Pinetum Mugi turfosum ↗ PICEETUM turfosum).

Ich stelle diesen Wald zum besenheidenreichen Hochmoor-Rotföhrenwald, welcher in der Besenheide aufgekommen ist und sich weiter zum Fichtenwald entwickeln wird (Callunetum turfosum ↗ PINETUM silvestris callunosum sphagnosum ↗ Piceetum).

Der Haushalt dieses Rotföhrenwaldes ist gekennzeichnet durch den mineralstoffarmen nährstoffarmen Hochmoorboden und das luftfeuchte mehr oder weniger warme Klima der unteren Buchenstufe.

Im Zuge der Vegetationsentwicklung wird der Boden nicht nur trockener und durchlüfteter, sondern auch nährstoffreicher.

Wird der Rotföhrenwald niedergeschlagen, so verbleibt als Waldverwüstungsstadium die Hochmoor-Besenheide (Pinetum silvestris callunosum ↘ CALLUNETUM turfosum sphagnosum).

Höhenkiefern *(Pinus silvestris uliginosa)* besiedeln wuchsfreudig alten Hochmoorboden der Bayrischen Au.

W i r t s c h a f t l i c h e F o l g e r u n g e n : Wir haben es hier mit einer Pionierwaldgesellschaft zu tun, die sich erst dann aufwärts entwickeln kann, wenn sie ungestört bleibt. Wir dürfen daher den natürlichen Entwicklungsgang auf keinen Fall stören. Wird nicht nur der Holzbestand geschlagen, sondern auch die Besenheide durch Plaggenhieb entfernt, so vernäßt der Boden, verliert seine Durchlüftung und ist nicht mehr in der Lage, der Rotföhre das Aufkommen zu ermöglichen.

## Heidelbeer-reicher Rotföhrenwald.

Einen heidelbeer-reichen Rotföhrenwald untersuchte ich am Nordost-Ufer des Wörther Sees in Kärnten in 445 m Seehöhe.

Floristischer Aufbau:

Baumschicht:

| | | | |
|---|---|---|---|
| *Pinus silvestris* | 5.5 | *Picea excelsa* | 1.1 |

Strauchschicht:

| | | | |
|---|---|---|---|
| *Picea excelsa* | 2.1 | *Betula pubescens* | 1.1 |
| *Rhamnus Frangula* | 1.1 | *Sorbus aucuparia* | 1.1 |

Niederwuchs:

| | | | |
|---|---|---|---|
| *Vaccinium Myrtillus* | 4.5 | *Molinia coerulea* | 1.2 |
| *Vaccinium uliginosum* | 2.3 | *Picea excelsa* | 2.1 |
| *Vaccinium Vitis-idaea* | 1.2 | *Pirola secunda* | 1.1 |
| *Vaccinium Oxycoccos* | + | *Lycopodium annotinum* | +.2 |
| *Calluna vulgaris* | +.2 | *Blechnum Spicant* | +.2 |
| *Eriophorum vaginatum* | + | *Potentilla erecta* | $+^{0}$ |
| *Deschampsia flexuosa* | 1.2 | *Galium uliginosum* | + |

Moosschicht:

| | | | |
|---|---|---|---|
| *Sphagnum acutifolium* | 3.4 | *Pleurozium Schreberi* | 1.2 |
| *Polytrichum commune* | 2.4 | *Dicranum undulatum* | 1.2 |
| *Hylocomium splendens* | 2.2 | *Aulacomnium palustre* | 1.2 |
| *Sphagnum cymbifolium* | 1.3 | *Cladonia rangiferina* | 1.2 |

Ich stelle diesen Hochmoorwald zu dem heidelbeer-reichen Hochmoor-Rotföhrenwald, welcher in der Besenheide aufgekommen ist und schon Beziehungen zum Fichtenwald besitzt (Callunetum turfosum ↗ PINETUM silvestris piceetosum vacciniosum Myrtilli ↗ Piceetum).

Dieser Rotföhrenwald unterscheidet sich von dem, der in Beziehung zur Besenheide steht, insbesondere dadurch, daß in der Zwergstrauchschicht nicht die Besenheide, sondern die Heidelbeere herrscht und in der Moosschicht nicht *Sphagnum magellanicum* und *recurvum*, sondern *Sphagnum acutifolium* und *cymbifolium*.

Der Haushalt dieses Rotföhrenwaldes besitzt schon eine größere Bodentrockenheit und Bodendurchlüftung im Oberboden als der besenheidereiche Hochmoor-Rotföhrenwald, weil er, wie aus der dort aufgezeigten schematischen Darstellung der Vegetationsentwicklung hervorgeht, ein höher entwickeltes Stadium darstellt. Sein Boden ist schon ein stark zersetzter *Sphagnum*-Torf.

Wirtschaftliche Folgerungen: Durch pflegliche Wirtschaft müssen wir den Fichtenwald anstreben. Dieses Ziel erreichen wir, wenn der Boden oberflächlich seine Nässe verloren hat und damit lufthältig geworden ist. Wir können auch bei der Föhrenwaldwirtschaft bleiben und können nutzholztüchtige Rotföhrenwälder erziehen.

# Inhaltsverzeichnis.